日本农山渔村文化协会宝典系列

蓝莓栽培

管理手册

[日] 石川骏二　小池洋男　著
侯玮青　译

机械工业出版社
CHINA MACHINE PRESS

本书围绕蓝莓栽培的五大要点，以培育优良蓝莓植株为目标，介绍了日本蓝莓栽培过程中品系、品种的选择方法，新株栽培和旧园更新的技术，以及不同生长发育阶段的管理要点。另外，还就提高果实产量、贮藏性等方面的技术要点进行了说明，对蓝莓采摘园的经营管理也进行了阐述，内容系统、翔实，图文配合，通俗易懂。本书介绍的日本蓝莓栽培管理技术，对于我国广大蓝莓种植专业户、基层农业技术推广人员都有非常好的参考价值，也可供农林院校师生阅读参考。

图书在版编目（CIP）数据

蓝莓栽培管理手册 /（日）石川骏二，（日）小池洋男著；侯玮青译. —北京：机械工业出版社，2023.12

（日本农山渔村文化协会宝典系列）

ISBN 978-7-111-74062-9

Ⅰ.①蓝…　Ⅱ.①石…　②小…　③侯…　Ⅲ.①浆果类果树－果树园艺－手册　②浆果类果树－果园管理－手册　Ⅳ.①S663.2-62

中国国家版本馆CIP数据核字（2023）第198606号

机械工业出版社（北京市百万庄大街22号　邮政编码100037）
策划编辑：高　伟　周晓伟　　责任编辑：高　伟　周晓伟　刘　源
责任校对：曹若菲　李　婷　　责任印制：单爱军
保定市中画美凯印刷有限公司印刷
2024年1月第1版第1次印刷
169mm×230mm・9.75印张・186千字
标准书号：ISBN 978-7-111-74062-9
定价：59.80元

电话服务	网络服务
客服电话：010－88361066	机　工　官　网：www. cmpbook. com
010－88379833	机　工　官　博：weibo. com/cmp1952
010－68326294	金　　书　　网：www. golden-book. com
封底无防伪标均为盗版	机工教育服务网：www. cmpedu. com

序

果蔬业属于劳动密集型产业，在我国是仅次于粮食产业的第二大农业支柱产业，已形成了很多具有地方特色的果蔬优势产区。果蔬业的发展对实现农民增收、农业增效、促进农村经济与社会的可持续发展裨益良多，呈现出产业化经营水平日趋提高的态势。随着国民生活水平的不断提高，对果蔬产品的需求量日益增长，对其质量和安全性的要求也越来越高，这对果蔬的生产、加工及管理也提出了更高的要求。

我国农业发展处于转型时期，面临着产业结构调整与升级、农民增收、生态环境治理，以及产品质量、安全性和市场竞争力亟须提高的严峻挑战，要实现果蔬生产的绿色、优质、高效，减少农药、化肥用量，保障产品食用安全和生产环境的健康，离不开科技的支撑。日本从 20 世纪 60 年代开始逐步推进果蔬产品的标准化生产，其设施园艺和地膜覆盖栽培技术、工厂化育苗和机器人嫁接技术、机械化生产等都一度处于世界先进或者领先水平，注重研究开发各种先进实用的技术和设备，力求使果蔬生产过程精准化、省工省力、易操作。这些丰富的经验，都值得我们学习和借鉴。

日本农业书籍出版协会中最大的出版社——农山渔村文化协会（简称农文协）自 1940 年建社开始，其出版活动一直是以农业为中心，以围绕农民的生产、生活、文化和教育活动为出版宗旨，以服务农民的农业生产活动和经营活动为目标，向农民提供技术信息。经过 80 多年的发展，农文协已出版 4000 多种图书，其中的果蔬栽培手册（原名：作業便利帳）系列自出版就深受农民的喜爱，并随产业的发展和农民的需求进行不断修订。

根据目前我国果蔬产业的生产现状和种植结构需求，机械工业出版社与农文协展开合作，组织多家农业科研院所中理论和实践经验丰富，并且精通日语的教师及科研人员，翻译了本套“日本农山渔村文化协会宝典系列”，包含葡萄、猕猴桃、苹果、梨、西瓜、草莓、番茄等品种，以优质、高效种植为基本点，介绍了果蔬栽培管理技术、果树繁育及整形修剪技术等，内容全面，实用性、可操作性、指导性强，以供广大果蔬生产者和基层农技推广人员参考。

需要注意的是，我国与日本在自然环境和社会经济发展方面存在的差异，造就了园艺作物生产条件及市场条件的不同，不可盲目跟风，应因地制宜进行学习参考及应用。

希望本套丛书能为提高果蔬的整体质量和效益，增强果蔬产品的竞争力，促进农村经济繁荣发展和农民收入持续增加提供新助力，同时也恳请读者对书中的不当和错误之处提出宝贵意见，以便修正。

前 言

日本的蓝莓栽培已经有40多年的历史了，并以寒冷地带的北高灌蓝莓、温暖地带的兔眼蓝莓和南高灌蓝莓这三大品系为中心，从北海道到九州岛、冲绳，在日本各地进行了广泛栽培。栽培面积大约有600公顷，产量每年达1200多吨。今后，我们期待蓝莓栽培面积进一步扩大，蓝莓果实成为常见的果品之一。

但是，现实栽培中未必都能成功，没达到预期目标的失败例子也有不少。原因有几个，其中最主要的原因是没能遵循“适地适种”的原则，在选择与当地气候条件相适应的品系及品种上出现了错误，由此导致了失败。

只要把握住蓝莓栽培的基本点——选择适合本地气候条件的品种，无论是经济栽培还是庭院栽培或盆栽都很容易。最重要的是在选择品种之前不要受宣传广告的影响，首先要选择与本地气候条件相适应的品系。北高灌蓝莓真的适合本地栽培吗，也许半高灌蓝莓更合适吧？同样在温暖的地区，比起有低温等气候条件要求的兔眼蓝莓来说，南高灌蓝莓不是更容易栽培吗？要从确定蓝莓的品系开始，再在各个品系中选择适当的品种来栽培。本书在重新审视蓝莓不同品种特征时，不仅基于果实大小的特性，还从是否易于培育、产量、味道、贮藏性等方面进行综合判断，整理出品种选择的关键要点。

另外，在蓝莓特别是北高灌蓝莓的栽培中，需要浇多少水，其对干旱的抵抗性如何？再者，它对速效性肥料有多敏感，对酸性土壤有多喜欢……其敏感程度通过有机物覆盖得到多大改善等，这些都是其他果树没有的特性。在本书中，也有很多基于这些特点的栽培窍门、关键要点的介绍，这些都是著者40多年来在栽培现场的技术经验积累，或者是基于国内外研究成果的智慧和见解的总结。对于想要从事蓝莓栽培的人，当然还有正在从事蓝莓栽培的人来说十分有用。

近年来，很多人希望过上被绿色环绕，赏心悦目又内涵丰富的生活。栽培蓝莓不仅可以观赏鲜花和红叶，还能享受到在自家庭院里采摘果实、制作菜肴的乐趣。此外，也有人前往近郊或山间的观光果园，去享受郊游和采摘的乐趣。也就是说，蓝莓除经济栽培之外，还具有更加多彩的栽培魅力。

本书对蓝莓的这些新栽培乐趣、经营方法也有所介绍。蓝莓作为充满魅力的水果，人们对如何栽种出更大的蓝莓果实、享受更多的生活快乐充满着期待，若本书能作为蓝莓栽培指南而发挥作用，将是我们的荣幸。

最后，向给予才疏学浅的著者以多年精心指导的已故的岩垣驶夫先生（原东京农工大学教授）表示深深的感谢！

石川骏二

目 录

第 3 章

新株栽培和旧园更新

第 4 章

稳定地收获大果

第 5 章

蓝莓栽培今后的发展方向

第 1 章

蓝莓栽培的五大要点

1 适地适种——在选择“品种”之前，先选好“品系”

◎ 蓝莓的五大品系及其特性

（1）栽培种的生长规律及特性 蓝莓为杜鹃花科越橘属蓝莓组的灌木植物，野生种广泛分布于热带山岭地区、温带及亚寒带地区。

作为园艺植物来栽培的蓝莓，是从多个品系的野生种中选育、改良而成的。野生种分布于从美洲大陆的东北部到美国佛罗里达州的广阔地域，在差异极大的气候条件中自然生存。栽培种以野生种为基础分为五个组即五大品系包括北高灌蓝莓、半高灌蓝莓、南高灌蓝莓、兔眼蓝莓及矮灌蓝莓㊀，每个品系又由多个品种组成。每个品系都具有与其野生种原生地气候条件相适应的特性。

这些野生种与冰河时代末期从表土脱落的酸性砂质土壤相适应并不断进化而成，因此蓝莓对土壤的适应性与其他植物有很大的不同。另外，五大品系的耐寒性、耐暑性等有很大差异（表 1-1）。正因为如此，也可以将它们认为是不同的果树，生长发育特征不同（图 1-1）。

表 1-1 蓝莓的品系

品系		主要野生种	特性
矮灌蓝莓 *		*V. angustifolium*	作为野生种加以利用，小型，耐寒性强，小果
高灌蓝莓	北高灌蓝莓	*V. corymbosum*，*V. australe*	中型，高 1.5~2.0 米，耐寒性强，大果，品质特佳，耐旱性差，土壤适应范围窄。在南高灌蓝莓培育成功后，为了与之区分而改用此名
	半高灌蓝莓	*V. corymbosum*，*V. angustiforium*	小型，高 1 米左右，耐寒性极强，小至中果，土壤适应范围窄

㊀ 本书用“× × 蓝莓”来表示的是某个品系的蓝莓。

（续）

品系		主要野生种	特性
高灌蓝莓	南高灌蓝莓	*V. corymbosum*，*V. darrowii*，*V. ashei*	小型，高 1 米左右，耐寒性弱，耐暑性强，小至中果，土壤适应范围略宽
兔眼蓝莓		*V. ashei*	大型，高 1.5~3.0 米，耐寒性弱，耐旱、耐暑性强，较大果，土壤适应范围宽

注：带 * 的品系多为野生种，不带 * 的为栽培种。

在栽培的时候，要正确把握五大品系各自的特性，从与栽培地区环境条件相匹配的品系中选择合适的品种，这是最重要的。

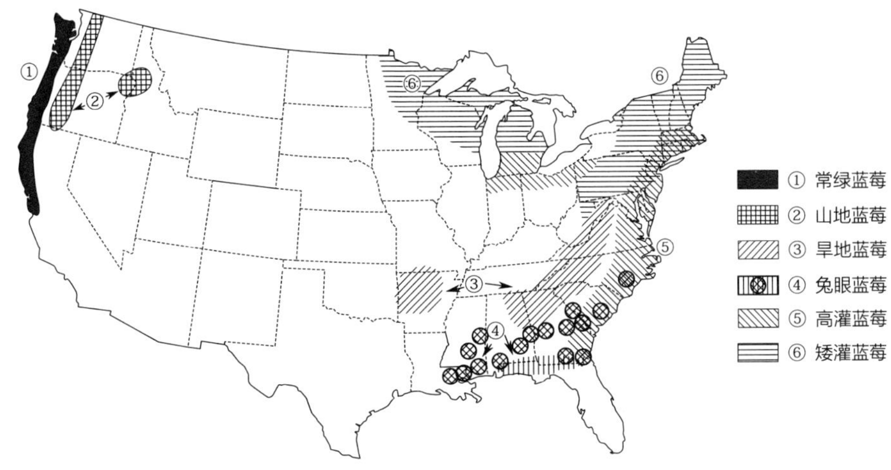

图 1-1　美国主要蓝莓种群分布

图例来自于美国农业部资料。①②③是未经改良的野生种，④⑤⑥是野生种改良培育成的多个品种。它们分布在土壤及气候条件不同的地域内，其特性也有很大的不同

（2）各大品系的蓝莓生长发育天数及适宜地区　蓝莓所必需的生长发育天数因品系不同而存在差异（表 1-2）。这里所说的生长发育天数是指无霜期（从晚霜日至初霜日的天数），这个时期的长短在不同栽培地区也不一样。

【矮灌蓝莓】野生于加拿大和美国东北部寒冷地区的矮灌蓝莓，生长发育天数为 100~150 天甚至更短。因果实小，在日本是以生食为目的果实进行生产，但与北高灌蓝莓相比，它即使在较干燥的土壤也容易培育，所以把它作为家庭果树也能享受栽培乐趣（图 1-2）。

表 1-2　美国和日本主要蓝莓生产地的晚霜日、初霜日及生长发育天数（年平均）

地名		主要栽培种	晚霜日(月/日)	初霜日(月/日)	生长发育天数/天
美国	缅因州（奥尔德顿）	L	5/8	9/29	144
	马萨诸塞州（伍斯特）	N、HH	5/7	10/3	149
	密歇根州西南部	N	5/5	10/16	164
	新泽西州南部	N	4/15	10/21	189
	俄勒冈州西部	N、S	3/1	12/10	284
	华盛顿州（普吉特海湾）	N、S	2/23	12/1	281
	北卡罗来纳州东部	N、S、R	5/8	11/24	262
	佐治亚州南部	S、R	2/25	12/3	282
	佛罗里达州西北部	S、R	3/3	11/24	266
日本	东京	—	4/2	11/18	230
	千叶（铫子）	—	3/18	12/6	263
	长野	—	5/6	10/26	173
	札幌	—	5/11	10/9	151

注：主要栽培种中，L 为矮灌蓝莓，N 为北高灌蓝莓，HH 为半高灌蓝莓，S 为南高灌蓝莓，R 为兔眼蓝莓。
表中内容是根据美国农业部资料和日本参考资料整理而成。

【北高灌蓝莓】要使北高灌蓝莓生长发育良好，生长发育天数必须在 160 天以上，日本关东以北的寒冷地区适宜栽培（图 1-3）。

【半高灌蓝莓】需要与北高灌蓝莓相同的生长发育天数。其低矮，耐寒性好，适合极寒地区栽培。

【兔眼蓝莓】兔眼蓝莓的生长发育天数为 266 天，适合栽培于美国佛罗里达州北部和佐治亚州，在这些地区的丘陵地带，即使能满足的生长发育天数只有 160 天，它也有生长发育的可能。日本从关东以南到九州岛，适合温州蜜柑生长的地区也适于兔眼蓝莓的栽培。另外，在日本东北南部的福岛也有栽培成功的可能。但在生长发育天数短的寒冷地带，不利于其花芽的形成，会造成坐果不良而产量降低；越冬期间，兔眼蓝莓的地上部还会遭受冻害，因此作为经济栽培是难以为继的（图 1-4）。

图 1-2　果实小、但容易在寒冷地区或干旱地区生长的矮灌蓝莓

【南高灌蓝莓】南高灌蓝莓的适宜栽培地也同

图 1-3　美国的北高灌蓝莓园，日本关东以北的寒冷地区适宜栽培

图 1-4　美国的兔眼蓝莓园。在日本，适宜的栽培地是栽培温州蜜柑的地区

样适合栽培兔眼蓝莓，但如果选择低温需求量少（200 小时左右）的品种，需在无霜期为 260 天以上的地区栽培才能成功。也就是说，适宜的地区可以进一步扩大。实际上，由于南高灌蓝莓的开发，在美国蓝莓的栽培已扩展到佛罗里达州的中南部——这个不适于兔眼蓝莓低温需求量的地带（近亚热带），即使在澳大利亚的亚热带地区也有栽培。

（3）需要掌握的 4 个气候条件　在南北狭长、气候条件多样的日本，只要品种选择正确，除了一部分地区外，从北海道到冲绳都可以种植蓝莓。在选择品系和品种时，除了要考虑无霜期（可生长发育的天数）的长短以外，冬季的最低温度、与解除休眠相关的低温程度、降水量等也是重要因素。

（4）蓝莓栽培地区的温度　从美国蓝莓栽培地区最寒冷的 3 个月的平均温度来看，南高灌蓝莓为 11~22℃，甚至更高，北高灌蓝莓在 10℃以下。

根据表 1-3 可知，在北高灌蓝莓、南高灌蓝莓及兔眼蓝莓混合栽培的地区——美国北卡罗来纳州（与日本东京周边的气候条件相近），休眠期（12 月 ~ 第 2 年 3 月）的平均温度为 10.6℃。另外，被认为是蓝莓（南高灌蓝莓）最南端的极限产地——美国佛罗里达州的奥兰多，年平均温度为 22.6℃，生长发育期（4~10 月）平均温度为 26.0℃，休眠期（11 月 ~ 第 2 年 3 月）平均温度为 17.8℃，最寒冷的 1 月的最低温度为 9.4℃。如果考虑这些条件，日本鹿儿岛和冲绳的一部分地区也可以栽培南高灌蓝莓。

另外，在混合栽培的地区，如阿肯色州的小石城，年平均温度为 16.8℃，生长发育期平均温度为 22.9℃，休眠期平均温度为 5.9℃，最寒冷的 1 月的最低温度为 -0.8℃，这与日本很多地区的气候条件相似。

表 1-3　世界蓝莓产地的气候条件比较

序号	城市名称	地区	主要栽培种	平均温度/℃			降水量/毫米		
				全年	生长发育期	休眠期	全年	生长发育期	休眠期
1	蒙特利尔	加拿大魁北克省	L	6.1	17.2	−1.9	941	423	518
2	多伦多	加拿大魁北克省	L、N	7.2	17.0	0.13	783	371	412
3	纽约	美国纽约州	N	12.4	19.7	5.2	1067	565	502
4	威尔明顿	美国北卡罗来纳州	N、S、R	17.7	22.8	10.6	1449	953	496
5	小石城	美国阿肯色州	N、S、R	16.8	22.9	5.9	1294	653	549
6	沃斯堡	美国得克萨斯州	S、R	18.7	24.7	10.3	885	569	316
7	提夫顿	美国佐治亚州	S、R	18.8	23.6	12.1	1202	653	549
8	波普勒维尔	美国密西西比州	S、R	19.4	24.1	12.9	1620	899	721
9	奥兰多	美国佛罗里达州	S、R	22.6	26.0	17.8	1263	922	341
10	盛冈	日本岩手县	N	9.8	19.0	2.1	1264	705	559
11	野边山	日本长野县	HH	7.6	15.4	−0.1	1327	1022	305
12	长野	日本长野县	N	11.5	18.1	2.0	939	710	229
13	福岛	日本福岛县	N	12.8	15.6	4.3	1105	839	266
14	东京	日本东京都	N、S、R	15.9	21.3	8.4	1467	1114	355
15	松江	日本岛根县	N、S、R	14.6	20.2	6.8	1799	1133	666
16	鹿儿岛	日本鹿儿岛县	S、R	12.8	23.3	11.0	2279	1773	506

注：主要栽培种中，L 为矮灌蓝莓，N 为北高灌蓝莓，HH 为半高灌蓝莓，S 为南高灌蓝莓，R 为兔眼蓝莓。

（5）日照时间与花芽的分化　蓝莓在短日照条件下（昼短夜长的条件）进行花芽分化，分化的时间因地域不同而不同。花芽分化主要在夏季到初秋进行。

在日本的关东地区南部，新梢大多在 4 月下旬 ~5 月初停止生长（第 1 次抽梢后停止生长），此时是短日照时期，因此 5 月中旬前已停止生长的新梢顶端开始花芽分化。另外，在生长发育期长的西南温暖地区，比关东地区以北更容易形成较多的花芽（图 1-5）。

关东北部及以北地区因为蓝莓发芽晚，初芽萌发、抽生至停止生长时已变为长日照条件，花芽难以形成。在这些地区，夜晚变短的夏季至初秋花芽开始分化。新梢顶端的顶芽和多个腋芽形成花芽。

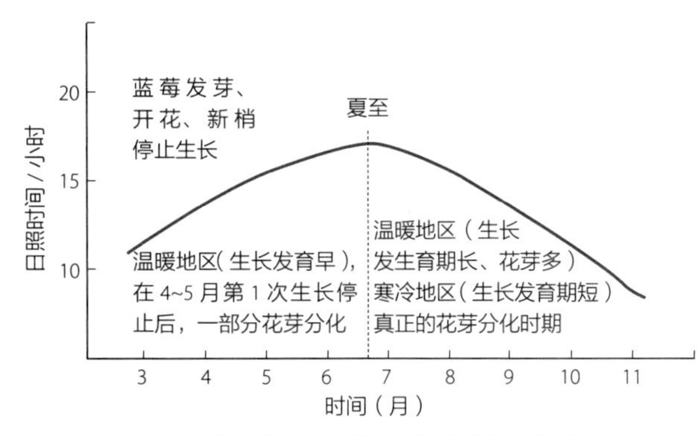

图 1-5　日照时间的变化和地域的不同导致花芽分化差异

在生长发育时期短的关东地区栽培兔眼蓝莓，比在适合花芽分化、生长发育时期较长的西南温暖地区，花芽数量有减少的倾向，但仍能保证有几倍必要花芽数的花芽量（图 1-6）。

图 1-6　花芽在新梢的顶端形成

（6）收获期　在北半球，北高灌蓝莓和兔眼蓝莓的收获期是 5 月中旬 ~9 月中旬，南高灌蓝莓的收获期是 3 月中旬 ~5 月中旬。

在南半球，北高灌蓝莓和兔眼的收获期是 11 月中旬 ~ 第 2 年 3 月上旬，南高灌蓝莓的收获期是 9 月中旬 ~11 月中旬。

在日本，西南温暖地区以兔眼蓝莓为主，关东以北地区以北高灌蓝莓为主，关东以西温暖地区以北高灌蓝莓和兔眼蓝莓为主，另外，关东以西的西南部温暖地区还有南高灌蓝莓栽培和设施栽培，收获期从 5 月上旬逐渐延伸至 9 月中旬。

◎ 具有落叶果树的特性——低温是发芽（打破休眠）的必要条件

蓝莓是落叶果树［除阳光蓝（Sunshine Blue）等部分常绿品种除外］，因而具有休眠期。而打破休眠要经历一定的低温时期，即低温需求量（需冷量）。如果不满足其低温需求量，就会导致发芽不良或花芽不足等，也就无法进行经济栽培。

选择的栽培地区应能满足品系、品种对低温的需求，这是必要条件（图 1-7）。

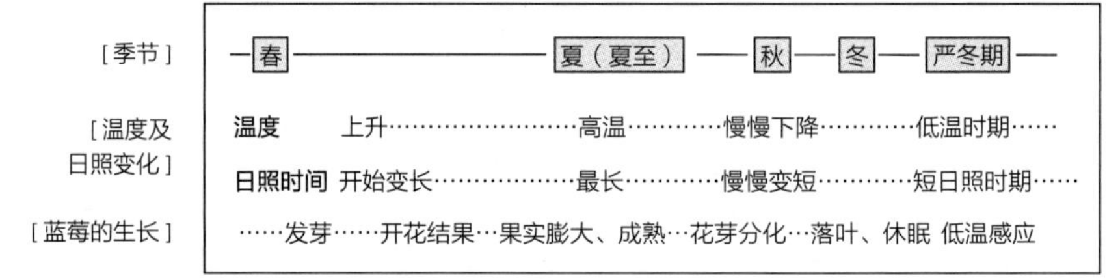

图 1-7 蓝莓的休眠与低温需求量

1. 7.2℃以下的低温以小时为单位来累积，就是其解除休眠所需的小时数。
2. 休眠解除后温度上升，经过 2 周左右开始发芽、生长发育。
3. 休眠不解除，生长发育就不好，如新梢不长、开花延迟、减产。
4. 休眠的深浅与低温需求量，因品系和品种的不同而不同。
5. 在温暖地区，要注意 7.2℃的低温累积量和品种的选择。

（1）不同品系的低温需求量 打破蓝莓休眠所必需的低温需求量，以 7.2℃以下低温累积的小时数来表示。

北高灌蓝莓和半高灌蓝莓需 800~1200 小时，南高灌蓝莓需 200~600 小时，兔眼蓝莓需 400~800 小时，矮灌蓝莓需 1000 小时。不过，即使属于同一品系也有一定的变化幅度，这是由于品种各不相同而产生的差异。栽培时要认真地确认一下。

（2）低温需求量与生长发育 具有 800~1200 小时低温需求量的北高灌蓝莓，虽然可以在日本东京以西、西南温暖地区及四国、九州岛的高海拔地区栽培，但是生产力未必高。而引进低温需求量少的南高灌蓝莓，通过设施栽培，可以提前收获上市。

在美国佐治亚州南部的蓝莓产地，因 1998—1999 年冬季温暖，7.2℃以下低温的积累量只有 450 小时，就出现了南高灌蓝莓的“列维尔（Levir）”（低温需求量为 600~800 小时）产量减半的例子。随着地球变暖，今后这种事情还会频繁发生。但选择与地域气候条件相适应的栽培品种，依然是最基本且重要的事情。

（3）低温需求量与开花时期 另外，越是低温需求量大的品种，开花时间越晚。北高灌蓝莓开花比较晚，因而即使在寒冷地区栽培，其花朵和幼果也很少受到冻害。但北高灌蓝莓中耐寒性强的“爱国者”，因其发芽早也容易受到冻害和霜害。另外，把低温需求量少的南高灌蓝莓，在关东以西的温暖地区栽培，发芽和开花期提前，如果遇到寒流，受到冻害和霜害的概率也会增大。

◎ 耐寒性也是需要考虑的因素

蓝莓的耐寒性也受地域的限制（表 1-4）。

表 1-4　蓝莓不同品种的耐寒性差别（美国罗格斯大学）

耐寒性分级	适栽地域	品种名
极不耐寒	温暖地区至中间地区	艾文蓝、蓝岭（Blueridge）、开普菲尔、库帕、佛罗里达蓝、佐治亚宝石、海滨、奥尼尔、夏普蓝
不耐寒	中间地区	列维尔、安哥拉（Angora）、蓝片、蓝色天际、奖金（Bounty）、佐治亚宝石、莫罗（Moreau）、墨菲（Murphy）、沃尔科特
耐寒性良好	中间地区至寒冷地区	伯克利、蓝塔、康科德（Concord）、康维尔、达柔、迪克西、早蓝、艾凡赫、塞拉、钱德勒
耐寒性极强	寒冷地区至极寒地区	蓝丰 *、蓝金、蓝鸟、蓝光 *、考林、公爵 *、伊丽莎白、埃利奥特、赫伯特、泽西、晚蓝、米德、纳尔逊、爱国者 *、彭伯顿、瑞恩科斯（Rancocas）、鲁贝尔、斯巴坦 *、斯坦利、日出、陶柔、维口 *、北蓝 *、北村 *、北陆 *、北空 *、圣云 *

注：“适栽地域”指非常适于栽培这类品种的地区。带 * 的品种具有极为优良的耐寒性。

（1）品系不同耐寒性不同　有试验数据表明，用来培育北高灌蓝莓或半高灌蓝莓的亲本野生品种，其处于休眠期的 1 年生枝（从茎基部或地表面发出的枝条）遭受 -40~-20℃的低温、花芽遭受 -30~-25℃的低温时产生冻害；兔眼蓝莓处于休眠期的 1 年生枝在 -25℃、花芽在 -20℃的低温下枯死（图 1-8）。

图 1-8　兔眼蓝莓 1 年生枝受冻害症状

但是冻害发生的程度，会因植物体处于耐寒性强的深度休眠状态，还是处于自发休眠觉醒之后（打破休眠所必需的低温需求量后）耐寒性减弱的状态而不同。一般来说，在休眠解除之后的早春，如果遇到 -10~-5℃的低温，就会造成大的冻害。

有记录显示，在冬季最低温度有 -10~-7℃记录的地区（关东北部以北地区），兔眼蓝莓或南高灌蓝莓经济栽培很难成功。另外，在积雪少、冬季最低温度经常在 -20~-15℃的高海拔地区，北高灌蓝莓中许多品种的 1 年生枝的尖端部和花芽会遭受冻害（冻结干枯症）。在北海道、长野县的开田高原、富士见町、八岳群峰等海拔 900~1000 米甚至以上的地区，易发生因积雪少、寒风吹而引发的冻结干枯症。选择半高灌蓝莓的“北陆”“北蓝”和北高灌蓝莓中耐寒性优良的品种“爱国者”，可以预防冻害（图 1-9）。另外，庭院栽培时，选用耐寒性极强的矮灌蓝莓，就不必担心冻害的发生。

图 1-9 在极寒地区栽培的半高灌蓝莓和北高灌蓝莓品种（长野县木曾郡开田高原）

（2）花的耐寒性也有差异 兔眼蓝莓的花的耐寒性，因生长发育阶段的不同而不同。发芽期的花芽耐 -6℃的低温，但是花和幼果即使是 -2℃时也会受到严重的损害。

南高灌蓝莓的多个品种的花期比兔眼蓝莓晚，不容易受到冻害和霜害。但是在美国的南部地区，低温需求量少的品种（200 小时左右）开花早，遭遇寒流而造成冻害和霜害已成为问题。在日本，恐怕也存在这种因开花早晚而引发的冻害和霜害问题。但是，因为蓝莓的花期很长，很少有因霜冻而花全部死亡的情况出现（图 1-10）。

图 1-10 蓝莓的花期很长，因霜冻导致花全部死亡的情况很少出现

（3）耐寒性与可能的生长发育地区 如果从蓝莓的品系与耐寒性的关系上审视栽培地区，那么，建议在寒冷地区栽培北高灌蓝莓，在关东以南地区栽培兔眼蓝莓和南高灌蓝莓，极寒地区栽培半高灌蓝莓和北高灌蓝莓的耐寒性优良的品种（表 1-5），近亚热带地区栽培南高灌蓝莓的低温需求量少的品种。

另外，在累积温度低、生长期短的极寒冷地区和高海拔地区，如果栽培比北高灌蓝莓的中熟品种“伯克利”晚熟的“泽西”“达柔”“晚蓝”“埃利奥特”等品种，在果实成熟前有时会遭遇初霜，从而导致成熟天数变短而不能完全成熟。

表 1-5　日本长野县栽培的蓝莓品种（北高灌蓝莓）

类别		品种名
骨干品种（主要）		蓝光◎、蓝丰◎、斯巴坦、康维尔、考林
补充品种（其他）		公爵、爱国者、蓝片、陶柔、纳尔逊、达柔、布里吉塔、埃利奥特、泽西、迪克西、维口
今后仍将继续研究其特性或解决其栽培问题的品种	早熟品种	公爵 *、早蓝、考林、蓝塔、斯巴坦、爱国者、蓝鸟 *、日出 *
	中熟品种	蓝光、蓝丰、陶柔 *、北蓝、蓝片 *、塞拉 *、蓝金 *
	晚熟品种	达柔、布里吉塔 *、晚蓝、埃利奥特 *、红利 *、纳尔逊 *、钱德勒 *

注：带◎的也是今后的主要品种。
带 * 的作为新品种，是长野县实际栽培比较少的品种。
下划横线的品种是适宜长野县高海拔极寒地区的耐寒性强的品种。

****

根据以上蓝莓不同品系的生长发育特性，对各自适合栽培的地区总结如下：

在日本，关东以北的寒冷地区，是北高灌蓝莓的适宜栽培地；从西南温暖地区到九州岛是兔眼蓝莓和南高灌蓝莓的适宜栽培地；以关东地区为中心，东海地区、近畿地区等是北高灌蓝莓、南高灌蓝莓及兔眼蓝莓的混合栽培地区。北高灌蓝莓在九州岛也能种培，但要确保稳定的产量，还应栽培在寒冷地区。

在栽培蓝莓时，选择适合当地气候条件的品系后再选择品种是最重要的。在表 1-6 中，列举了美国北高灌蓝莓的主产地密歇根州的主要品种的特性。该州与日本北高灌蓝莓的适宜栽培地长野县及以北的寒冷地区气候条件相似，供参考。

表 1-6　美国密歇根州北高灌蓝莓的品种特性（Hanncock，2003 年）

品种名	培育成功年份	收获期	优点	缺点
维口	1936	极早熟	早熟	产量稍低，口味中等
蓝塔	1968	早熟	早熟	色暗，软果
爱国者	1976	早熟	大果，凹痕小，香味足	易受霜害（发芽早）
斯巴坦	1978	早熟	大果，香味足，开花晚	适宜的土壤范围狭窄
蓝鸟	1978	早中熟	适于机械采摘	产量变动大
蓝光	1956	早中熟	大果，硬果，极耐寒	有必要强修剪
鲁贝尔	1911	中熟	适于机械采摘	小果
蓝丰	1952	中熟	产量高，硬果	微酸，果实压弯枝条
伯克利	1949	晚熟	大果，硬果	凹痕大，耐寒性中等
泽西	1928	晚熟	适于机械采摘，广适性	果实大小不均
埃利奥特	1973	极晚熟	产量高，硬果	风味淡
香泰克里尔（Chantaikril）	1997	极早熟	早熟	试验例子少

（续）

品种名	培育成功年份	收获期	优点	缺点
公爵	1987	早熟	大果，硬果，开花晚	风味稍欠缺
日出	1991	早中熟	蓝塔的改良品种	比公爵差
塞拉	1988	早中熟	高品质	稍不耐寒
陶柔	1987	中熟	高品质	与蓝丰同时期
红利	1995	晚熟	大果	试验例子少
小巨人	1995	晚熟	小果，硬果	低矮型植株
纳尔逊	1988	晚熟	产量高，大果，硬果	试验例子少
蓝金	1988	晚熟	产量高	矮丛型
友谊	1990	晚熟	耐寒性强	小果，软果
钱德勒	1994	晚熟	大果	耐寒性稍差
莱格西	1995	晚熟	高品质	耐寒性稍差

注：耐寒性是指密歇根州的品种之间的比较（在长野县的气候条件下不清楚）。
凹痕指果蒂痕。果蒂痕小的干燥性较好。

2 土壤呈酸性，更重要的是通气性好——这是蓝莓喜爱的土壤

◎ 野生地的土壤条件

野生蓝莓原生地的土壤都有以下共同特点：通气性优良，呈酸性，保水性好。

从美国的蓝莓主要产地新泽西州来看，适合蓝莓栽培的优良土壤是含有3%~15%有机物的砂质土（图1-11），地下水位在50厘米左右，不易干旱。

另外，野生的矮灌蓝莓，大多生长在含有机物11%~13%的灰化土（寒温带的针叶林中生成的土壤）中。兔眼蓝莓虽生长在与高灌蓝莓相似的土壤中，但对土壤的适应幅度要比高灌蓝莓广，如在高灌蓝莓难以生长的黏质土中也能生长。野生种 *V. darrowii* 作为南高灌蓝莓的育种亲本，生长在和兔眼蓝莓一样的土壤中。

图1-11　美国北高灌蓝莓产地新泽西州的砂质土

照片上的人是日本蓝莓研究的先驱、已故的岩垣驶夫博士

虽然因品系的不同而有差异，但是，适合蓝莓栽培的土壤特性的共同特点是不变的。

◎ 酸性土壤是基本条件

（1）适宜的土壤 pH 范围为 4.3~5.3　蓝莓喜好的土壤 pH 为 4.3~5.3。北高灌蓝莓的适宜 pH 为 4.3~4.8；兔眼蓝莓和南高灌蓝莓的适宜 pH 为 4.3~5.3。土壤酸度高的情况下，植株因缺铁而出现失绿、白化症状，叶片容易变黄、变白。当 pH 小于 4.5 时，在淤泥土或黏质土中，常出现缺镁症。

但是，在含有一定量有机物的砂质土和火山灰土中，即使酸度高，pH 达 3.6，也很难出现这种症状（表 1-7）。

表 1-7　蓝莓的品系与其喜爱的土壤 pH（Mainland，2004 年）

品系	砂质土（含一定量的有机质）	淤泥土、黏质土
北高灌、半高灌、南高灌蓝莓	3.6~5.0	4.4~5.0
兔眼蓝莓	3.6~5.3	4.4~5.3

注：酸度调整的目标为 pH 达 4.8。

（2）氮素的吸收效率发生改变　土壤 pH 还与蓝莓吸收的氮素的形态有关。蓝莓喜欢吸收氨态氮，但是在 pH 较高的中性或弱碱性土壤中，硝化细菌活跃，氨态氮容易转化成硝态氮。相反，在酸性土壤中，硝化细菌的活性下降，蓝莓容易吸收的氨态氮增多。

在施用氮素释放缓慢的有机肥料时，蛋白质中的氮素会在最初转变成氨态氮，但如果在酸性土壤中，氮素就会保持这种状态，这是有利于蓝莓吸收的好的状态，不需要多施肥。

◎ 定植前的酸度调整

（1）调整的目标是 pH 为 4.8　种植蓝莓的时候，为了降低土壤 pH，最一般的方法是施用硫黄。施用量根据土壤分析情况来决定。在表 1-8 中，表示不同种类的土壤在调整 pH 时，所需的硫黄和石灰的施用量。据此，可实现 pH 至 4.8 的目标。

在美国的北卡罗来纳州，兔眼蓝莓在 pH 为 5.3 以上、北高灌蓝莓在 pH 为 5.0 以上的情况下，推荐喷洒水溶性硫黄（90%）来进行酸度调整。例如，在砂质土要想把 pH 降低 1.0，每 30 米 ^{2} 用 453 克的水溶性硫黄进行处理。在含淤泥和重黏土的土壤上，施用量为砂地用量的 2 倍。

在这种情况下，不要一次性施用所有的硫黄，每次施用时不要超过 178 千克 /1000 米 ^{2}，分次施用的效果会更好。例如，如果硫黄需要量为 356 千克 /1000 米 ^{2}，那么春季施用一半的量（178 千克 1000 米 ^{2}），剩下的在秋季施用，这样做可以获得良好的酸度矫正效果。必要的施用次数由总施用量决定。

表 1-8　土壤 pH 改良所必需的硫黄与石灰用量的指标（Mainland，2004 年）

土壤的种类	CEC	硫黄用量 /（千克 /1000 米 ^{2}）	石灰用量 /（千克 /1000 米 ^{2}）
砂质土	5	49~73	12
壤土	15	97~146	314
黏质土	25	146~196	493

注：硫黄用量是指 pH 每下降 1 所需的硫黄用量（例如，pH 从 6.0 变成 5.0）。
石灰用量是指 pH 每提升 1 所需的石灰用量（例如，pH 从 5.0 变成 6.0）。
CEC：是土壤的阳离子交换量（该值越大，土壤的保肥力越高）。

（2）调整 pH 在定植前 1 年进行　施用硫黄（粉末），处理效果需要 1 年左右才能显现。因此，pH 调整要在定植前 1 年进行，定植前 3~4 个月再次进行土壤分析，以确认土壤 pH 状况。由于栽培中不断用含有钙和镁的水进行灌溉，又反复使用酸性肥料，所以 pH 处在不断地变动之中，所以土壤 pH 的调整最好每年进行 1 次。

定植后再调整 pH 是困难的，但是必要的时候也可以在土壤表面施用硫黄，应少量多次施用，以避免药害。在美国，有用水溶性硫黄进行滴灌的，也有用稀释的醋或柠檬酸进行滴灌的，以此来矫正土壤 pH。

（3）定植时增添泥炭苔土　但是，由于硫黄的施用易给土壤活性带来有害的影响，因此要注意不能施用过量。如果预留的准备栽培蓝莓的地块，是稍稍超出适宜 pH 的碱性土壤，最好不要使用硫黄进行酸度矫正。实际上，对日本以火山灰土为主的酸性土壤，大多不需要使用硫黄进行酸度矫正。迄今为止，在土壤 pH 改良中，那些曾使用石灰调整过 pH 的地块、因施肥带来 pH 升高的田地，都可以不使用硫黄进行酸度调整。

正确方法是在定植穴中增加泥炭苔土。增加蓝莓定植时所用的泥炭苔土（pH 在 4.4~4.8）的用量，使蓝莓的根系处在适宜 pH 的土壤中。在美国，每株蓝莓苗用 19~38 升的泥炭苔土（图 1-12）。将难以分解的泥炭苔土填充到定植穴中，让根系处在泥炭苔土的包围中，顺利地生长发育（图 1-13）。

（4）有机覆盖物也起作用　另外，围绕植株覆盖松树皮或木材屑，也能使土壤慢慢变为酸性。这些有机覆盖物的分解，也起到缓冲、调节土壤 pH 的作用。

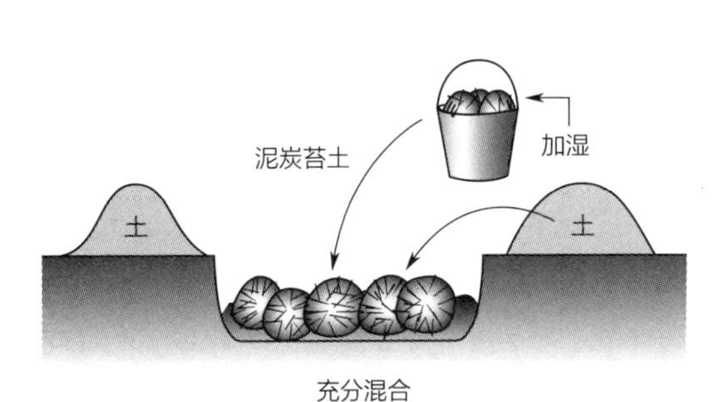

图 1-12　用泥炭苔土调整土壤 pH
pH 略高时，多用 pH 为 4.5 的泥炭苔土，不用再施硫黄

图 1-13　用大量泥炭苔土培育的北高灌蓝莓

若是 pH 为 6.0 的土壤，在定植穴内多用泥炭苔土，定植之后在植株周围用有机物覆盖，培育蓝莓是没问题的。

（5）土壤诊断的时期很重要　不管是哪种土壤，在新建蓝莓园前都要进行土壤诊断，然后进行适当的处理。此外，pH 等土壤的化学性质和物理性质容易随季节变化，特别是栽培过其他作物的土壤，受季节变动的影响更大。土壤诊断取样最好在冬季或早春土壤生物活性低的时期进行（图 1-14）。

图 1-14　土壤诊断取样最好在冬季或早春进行

◎ 确保土壤有良好的物理特性也很重要

（1）火山灰土是蓝莓喜欢的土壤　蓝莓的有效土层（根扩展的土层）大约有 50 厘米就足够了。

代表土壤通气性的三相分布，一般是固相占 45%~50%、气相和液相分别占 20%~30% 的为最好。在蓝莓栽培上，气相和液相的总和（孔隙量）在 55%~60% 比较好。高于此值的砂质土等保水性差，有必要增加灌溉次数。

日本的土壤，分有效土层比较浅的褐色低地土和腐殖质含量少的黄土等。在这样的土壤上栽培蓝莓时，有必要通过深耕、施用大量泥炭苔土和稻糠等方法来改善土壤的物理性能。

被称为暗色土的火山灰土，盐分大多溶解脱离出来，不溶于磷酸的活性氧化铝含量

比较高，具有良好的保水性和通气性，是蓝莓喜好的土壤（图 1-15）。另外，将水田改造成蓝莓栽培地时，应采用破除平地、开挖明沟或暗渠、起垄培土等多种措施，确保根系的通气性。

（2）通气性、保水性是 2 个重要的方面 由于蓝莓的根部没有根毛，所以不能保持水分的土壤或过湿造成通气性变差的土壤不适合栽培蓝莓。只要不是极端的碱性土壤，对 pH 的调整都是可行的，但是通气性的改善则很难。如果是干燥时变成硬块、一下雨就会变成稀泥的重黏土，或是地下水位达到地表的湿地土，就不能栽培蓝莓。

对蓝莓栽培，相比土壤的 pH，更需要考虑的是其通气性和保水性。特别是北高灌蓝莓和南高灌蓝莓，改善土壤的通气性比矫正酸度更重要。

（3）地块通气性的调整 准备栽培蓝莓的地块，如图 1-16 所示进行土壤的通气性判断。首先，选几个点各挖 40 厘米的深坑，接雨水或用软管、水桶等注满水，观察坑内水位的变化。

图 1-15 火山灰土适合蓝莓生长

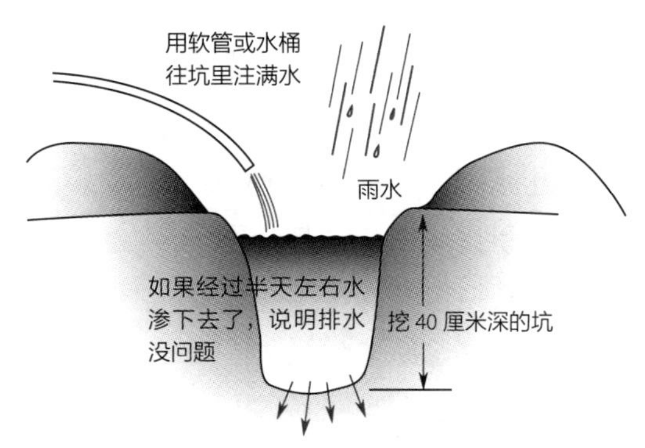

图 1-16 在选择栽培地块时，通过挖坑来判断土壤的排水性和通气性

如果坑内的水在半天内渗入地下，说明土壤的排水性、通气性没问题，如果 24 小时后坑内仍存留有水，说明排水性和通气性有问题。有必要实行彻底排水的对策。

（4）培土是有效的 在蓝莓栽培上，保持地表以下 40 厘米的根系周围的土壤通气性是必需的。在地下水位高、近地表土壤处在浸湿状态的园地，定植前要进行 30~40 厘米的深耕；在行宽 1.0~1.5 米的范围内添加泥炭苔土和稻糠，再次翻耕；与土壤充分混合后，起 30 厘米左右的高垄作为定植床，以确保土壤的通气性（图 1-17、图 1-18）。

在排水措施上，有挖明沟或修暗渠等方法，可以根据果园的条件考虑采取最有效的方法。

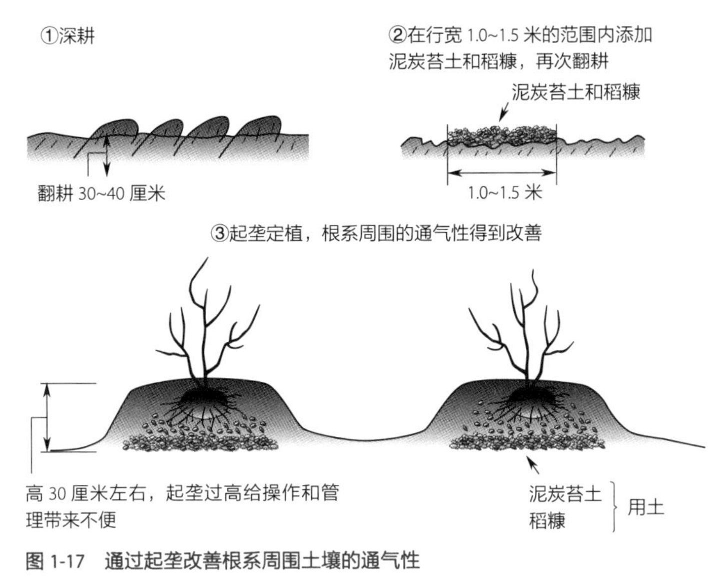

图 1-17　通过起垄改善根系周围土壤的通气性

图 1-18　通过培土来改善根系周围土壤的通气性

3 不耐旱——要全力确保水分充足

适于蓝莓生长的土壤，除了通气性优良之外，还要保证在整个生长发育期内根系周围保有充足的水分。特别是北高灌蓝莓，与兔眼蓝莓相比，对水分的不足更加敏感。在干燥状态下，每周浇水 20~40 毫米是必需的。也有果园在夏季干旱时期必须每天浇水。

如果缺水，从植株基部发出的生长力很强的新梢，其尖端部就会下垂，据此可能判断是否缺水（图 1-19）。只要马上浇水就可以恢复，但是如果持续干旱就会枯萎。另外，如果持续处于水分不足的状态，新梢伸长和果实膨大受到阻碍，表现为成熟前的果实有的干瘪、软化，有的叶片自叶缘开始变褐、枯萎。

图 1-19　是否缺水，从新梢尖端是否萎蔫下垂就可以马上做出判断

◎ 根是没有根毛的纤维根

蓝莓的根没有根毛，吸水及吸肥能力处于劣势（图 1-20、图 1-21），它不具有根毛，

图 1-20　扦插苗床上泥炭苔土和鹿沼土中的细根

蓝莓只有被称为纤维根的细根

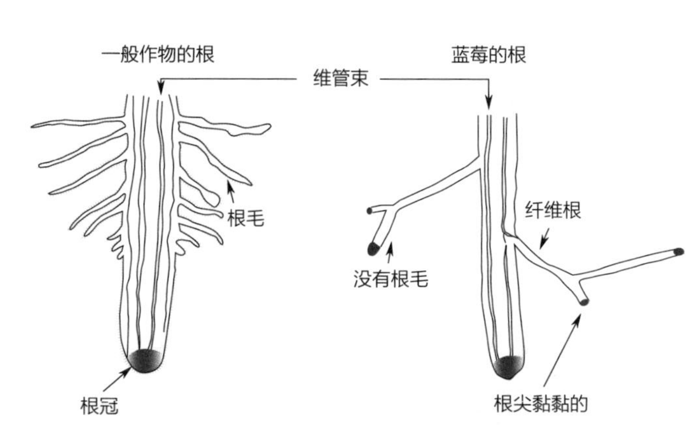

图 1-21　一般作物的根与蓝莓的根的比较（Mainland）

是被称为纤维根的细根，耐旱性及耐湿性都极弱。在这些细根的根尖上有被称为杜鹃类菌根菌的真菌共生，帮助蓝莓吸收土壤中的氮素等无机成分。我们不仅不能阻碍这种共生菌的活动，而且还要谋求使其活性增强的管理措施。

实际上，蓝莓栽培中值得推荐的土壤管理措施中，有很多措施的出发点是通过增强杜鹃类菌根菌的活性，起到促进植物体生长的作用的。

根的生长是从早春土壤温度达到温度 6℃时开始的，与发芽同时期，并在果实膨大成熟的夏季生长变得缓慢。从果实收获完成的初秋开始又再次活跃，一直持续到土壤温度低于 6℃的晚秋。因此，收获后浇水是重要的工作。

◎ 根系分布浅

蓝莓的根系分布浅，大部分根分布在地表下 30~50 厘米的地方，这也是蓝莓抗干旱力弱的一大原因。

蓝莓根系的扩展范围及根的数量因品系而不同。兔眼蓝莓的根系分布比较深，比北高灌蓝莓抗旱能力强。南高灌蓝莓的根系没有兔眼蓝莓的大，但其佛罗里达州野生的育种亲本（*V. darrowii*）具有耐高温和抗旱的遗传特性。矮灌蓝莓野生于较为干旱的地区，具有称为“匍匐茎”的地下茎，因地下茎多发而且生长迅速，所以比北高灌蓝莓耐旱性强。

虽然蓝莓耐旱性因品系的不同而有差异，但是与其他作物相比，蓝莓是非常不耐旱的。

在日本，蓝莓栽培成败的关键也在于蒸发旺盛的夏季否能得到充分地灌溉。

◎ 干旱时要立即浇水

美国的主要蓝莓生产地区（州）的年降水量在 1000~1300 毫米，有很多灌溉设施齐备的果园。在抗旱性较弱的北高灌蓝莓的栽培地区，地下水位保持在地表下 30~50 厘米，在整个生长发育期内，根系范围内的土壤水分是一定的，能够确保果园土壤的保水性。但这种条件日本很少有，需要通过以灌溉为前提的组合措施来加以保证。

如上所述，如果种植了蓝莓，每天都要坚持观察，留意新梢的萎蔫等状况。若水分不足，新梢就抽不出来。相比于其他作物，是否需要浇水，通过观察这个就能知道。

北高灌蓝莓，在 4~10 月的生长发育期内，每周需要 20~40 毫米、1 个月需要 100~200 毫米、整个生长发育期里需要 700~1400 毫米的定期降雨或灌溉，在蒸发量剧增的夏季，有时每天都需要浇水。

浇水法有喷灌方式和滴灌方式（图 1-22）。滴灌时，最好是 1 株有 2 个滴头。若用自动喷灌系统，每个洒水喷嘴每小时喷水 37 升；用滴灌法时，每个滴头每小时有 3.7~7.4 升的滴出量（表 1-9）。

图 1-22　蓝莓园的浇水实例

表 1-9　蓝莓的蒸发失水量与浇水量的实例

蒸发失水量	必要的降水（浇水）量	浇水法与喷嘴、滴头的浇水量	蒸发量达到峰值时水分的要求量 / 株④
· 北高灌蓝莓① 6.4 毫米 / 天 45 毫米 / 周	· 北高灌蓝莓② 20~40 毫米 / 周 （生长发育期） 700~1400 毫米 / 年 · 兔眼蓝莓③ 25~50 毫米 / 周	· 喷灌法 每个喷嘴 37 升 / 小时 · 滴灌法 每个滴头 3.7~7.4 升 / 小时	· 1~2 年生幼树 2~3 升 /（株 · 天） · 壮年树（4~6 年生、蒸发高峰时） 10~15 升 /（株 · 天） · 成生树（7 年生以上、蒸发高峰时） 22~30 升 /（株 · 天）

注：采用滴灌法时，最好是每株有 2 个滴头。
在美国东北部蒸发不太旺盛的时期，滴灌也有如下指标：壮年树为 4~6 升 /（株 · 天），成年树为 9 升 /（株 · 天）。
① 美国北卡罗来纳州（中东部）。
② 美国的主要州。
③ 美国密西西比州（东南部）。
④ 美国亚拉巴马州（东南部）。

在夏季蒸发量较多的美国南部亚拉巴马州，蒸发量达到峰值时水分的需求量：壮年树每天 10~15 升、成年树每天 22~30 升，1~2 年生幼树每天 2~3 升。浇水量根据植株发育时期的不同而不同，有实例表明：采取滴灌法，移栽后的浇水量为 1~2 年生的幼树每天每株 2~3 升，3~6 年生的壮年树 4~5 升，7~8 年的成年树 9 升。

◎ 灌溉的必要程度因品系不同而有差异

如前所述，不同品系的蓝莓根系的扩展范围不同，耐旱性上的差异也是很大的，以至于兔眼蓝莓与北高灌蓝莓好像不是一种植物的感觉。北高灌蓝莓需要频繁地浇水。

（1）耐暑性差的北高灌蓝莓 美国北卡罗来纳州与日本东京的气候条件十分相似，该地栽培的北高灌蓝莓，夏季的蒸发失水量为成年树约 6.4 毫米 / 天，即约 45 毫米 / 周。以此为标准，持续干旱时，幼树至壮年树每隔 2~3 天浇 1 次水，成年树每隔 5 天浇 1 次水。

有在长野县高寒地区培育北高灌蓝莓“斯巴坦”的例子。用火山灰土栽培，需频繁地浇水，特别是在夏季每天浇水。在这个例子中，虽然少用有机物覆盖，但是由于灌溉充分，也能很好地生长。

火山灰土和砂质土等通气性好、保水性差的土壤，如果夏季 1 周没有降雨，植株就会承受很大的压力。干旱给果实膨大和产量带来很大的影响，也给收获后（8~9 月）新梢的生长发育和花芽的形成带来大的影响。另外，生长发育中的突然干旱，使土壤中的肥料浓度增高，又会使根受伤。

对于土壤干旱造成的影响，根系浅、易于受地温影响的北高灌蓝莓比耐旱性、耐暑性优良的兔眼蓝莓更显著（图 1-23）。

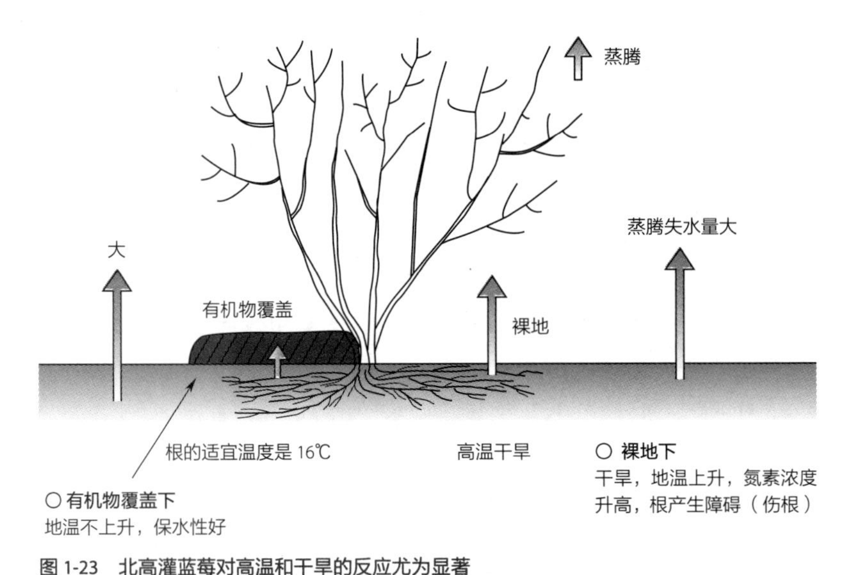

图 1-23　北高灌蓝莓对高温和干旱的反应尤为显著
（用有机物覆盖与未覆盖的裸地相比较）

（2）耐旱性比较强的兔眼蓝莓　如上所述，兔眼蓝莓比北高灌蓝莓、南高灌蓝莓耐旱性强。在美国南部的主要栽培地密西西比州，兔眼蓝莓的生长发育所必需的降雨量为 25~50 毫米，特别是对新栽或移栽的植株，浇水是很重要的。即便耐旱性强，因为蓝莓是没有根毛的浅根性植物，也需要比其他作物更频繁地浇水，这是绝对必要的管理措施。

4 用有机物覆盖是必需的

蓝莓定植后，若以植株为中心，在地表用有机物覆盖（有机覆盖物），蓝莓生长良好。覆盖有机物，可以防止土壤被侵蚀，改善土壤的物理性状，保持水分，还可以起到防止地温上升、防除杂草等效果。而且，有机物覆盖物对与蓝莓根共生的菌根菌也有活化作用。

使用有机物覆盖是美国开发的技术，在北高灌蓝莓栽培地区得到广泛应用。

有机覆盖物以分解慢、肥料成分少、成分难以析出的树皮、木材碎片（图 1-24）、锯末、废菌床（堆积半年左右）、稻糠等比较好。

图 1-24　将厚厚的木材碎片铺在植株的基部

◎ 对北高灌蓝莓用有机物覆盖是必不可少的

有机覆盖物的效果，在耐暑性优良的兔眼蓝莓和南高灌蓝莓上也表现良好。对于地下茎（根状茎）在地表下横向扩展而使植株生长的矮灌蓝莓，在地上部的 1/3 左右用有机物覆盖，其根状茎发达，植株容易扩展，生长势头增强。

在地温上升缓慢的寒冷地区的北高灌蓝莓栽培中，覆盖有机物尤为重要。

常常听到有这样的问题："购买的北高灌蓝莓树苗，栽种后总长不高是怎么回事？"这时回复："请在植株周围铺上一层厚厚的有机物，再频繁地浇水试试看。"大概过不了多久，就会收到新梢开始生长的回音。对于北高灌蓝莓栽培，在定植穴内添加泥炭苔土和进行有机物覆盖比什么都重要，可以说是基础中的基础。

如上所述，在长野县黑姬山麓的黑色火山灰土（地下水位约为 50 厘米，保水性和通气性良好）地区，覆盖厚度在 15 厘米以上的有机物，即使不灌溉也能培育不耐干燥的北高灌蓝莓。通过此例可以理解北高灌蓝莓覆盖有机覆盖物的有效性（图 1-25、图 1-26）。

图 1-25 确保有机覆盖物厚度在 10~15 厘米是重要的

图 1-26 覆盖了有机物的植株长出新梢

◎ 有机覆盖物的材料和使用方法

（1）合适的有机物与不合适的有机物 作为覆盖材料，树皮、木材碎片、锯末等最为合适，树种以松树等针叶类树木最合适。

覆盖物成为有机质的供给源，为蓝莓根部的生长创造了良好的环境。在覆盖大量有机物的最初几年里，氮素的施用量要多 20%~30%。这是因为在有机物分解的过程中，产生的氮素被土壤中的微生物细菌所固定。

另外，如果进行有机物覆盖，根逐年在表层聚集形成浅根群，遭遇干旱时容易受到伤害，所以最好每隔几年在分解、消耗完养分的覆盖物表面再追加新的覆盖物（图 1-27）。

再者，肥料成分复杂的堆肥、厩肥等有机物不适于作为覆盖材料。这不光是因肥料浓度高而引发生理障碍，还因为土壤中硝态氮浓度提高，减少了蓝莓生长发育所需的氨态氮。

（2）有机覆盖物的厚度很重要 如果有机覆盖物的厚度小于 10 厘米，就不能起到防止水分蒸发和防止地温上升的效果。另外，在根系范围内覆盖充足的有机物是必需的。定植后 3 年左右的植株，其

图 1-27 有机覆盖物的追加补充

有机物分解，根系变浅，需要增加新的有机物进行补充

周围的 45~70 厘米是覆盖范围；对成年树的覆盖范围有必要扩展到 1.0~1.5 米。

有机覆盖物的材料，如前所述，吸水性要好且易于气体交换，有一定的粗度又不容易坏。因此，木材碎片和锯末比较好，如果能提供大量的木材碎片，最好连过道都铺上。因为一般过道易杂草丛生，1 年要除 4~5 次草。

◎ 覆盖物还可以是无纺布或黑白地膜

如果只是在庭院中种几株蓝莓来享受栽培的乐趣，那么在植株的周围铺上加厚的无纺布（也可以用其他的布质覆盖物），也可以起到与有机覆盖物相类似的效果。虽然不能等同于有机覆盖物，但在防除杂草和透水方面有优点，使用寿命可以达到 10~12 年之久（表 1-10）。

表 1-10 使用不同种类覆盖物的地温和南高灌蓝莓的生长发育（Magee，1996 年）

覆盖物	地温 /℃	植株大小 / 米^3	果实收获量 / 克
松树皮碎片	31.2①	0.18②	3222③
黑白双色地膜	38.4	0.17	3378
黑色地膜	44.2	0.12	2173
黑布	40.8	0.13	2224
裸地	37.0	—	—

① 夏季（7 月 15 日～8 月 15 日）午后 15：00 的平均地温。
② 4 年生植株的大小。
③ 4 年生植株的平均收获量。

蔬菜栽培经常使用的黑白双色地膜（表面为白色、背面为黑色的地膜），可以在根系范围小、定植 2 年左右的壮年树上应用。在美国，成年树上也有用黑白双色地膜或透水性膜（防草地膜等）的试验。但是，黑色地膜能提升膜下的地温，会对生长发育不利，所以只限于北高灌蓝莓使用。对于南高灌蓝莓，根的生长发育的适宜温度是 16℃左右，根周围的地温上升，会抑制其生长。在夏季温度达 30℃的晴天中午，黑色地膜覆盖下的地温可达 44℃，给根的生长发育带来很大的伤害（表 1-11）。

表 1-11 南高灌蓝莓与兔眼蓝莓育苗床的地温与苗的生长发育（Spiers，1995 年）

地温 /℃	苗的干物质重 / 克	根长 / 厘米
16	20.0	22.8
27	12.9	20.4
38	8.8	14.7

注：苗床地温的改变对植株和根生长的影响比较（1991 年 9 月—1992 年 3 月）。

5 收获、用工、防治病虫害都是经营的关键

◎ 较长的成熟期

蓝莓具有成熟期长的特征。

蓝莓的花是无限花序。在短日照持续的条件下，从停止生长的新梢顶端开始，花芽自上而下逐渐分化。由于花芽分化期长，所以开花期和收获期也长。

另外，位于各结果枝顶端的总状花序，在其结果后，只是选择成熟的、蓝色的果实进行采摘，因此收获需要大量的劳动力（图 1-28）。

图 1-28　由于蓝莓果穗上未熟果实与成熟果实混杂在一起，不能整穗收获，所以需要大量劳动力

如今的蓝莓生产，采取观光采摘、实地消费、市场出售等多种方式的组合模式，但无论怎样，在收获期的 6~9 月，较为集中地需要大量的劳动力。蓝莓的经营规模，也取决于能否保证这些采摘劳动力。

◎ 有熟练度要求的采摘作业

蓝莓定植之后，经过 7~8 年长成成年树。如果成年树生长良好，每株可收获 4~5 千克的果实。

从品系的差别上看，美国的北高灌蓝莓的平均产量是每株 2.5~4 千克，日本是 3~4 千克。长势强的兔眼蓝莓，取得 6~7 千克的平均产量也是可能的。株型稍小的南高灌蓝莓与北高灌蓝莓的收获量大致相同，但由于很多新品种引入日本的年头不多，还有许多特点并不了解。

（1）采摘量为 1 天 20 千克左右　采摘蓝莓时可以用双手。用大拇指转动，让其掉到手掌中，再放入采摘筐中。当整个果实变成蓝色之后，还需几天继续膨大和成熟。伴随着果实成熟，酸度减少、甜度增加。所以，整个果实完全变蓝的 5~7 天之后，味道最佳。

在采摘园等地，采摘这种完全成熟的果实后直接品尝是最好的。不过，完全成熟的果实经历了软化过程，不利于市场出售。面向市场的蓝莓，是在整个果实变蓝后 2 天进行采摘的果实。

蓝莓采摘不仅费时费力，而且在成熟度上的判断上也有要求。在美国，来自墨西哥等的季节工，即使拼命地采摘，1 天最多能采摘 30 千克（图 1-29）。若提高收获效率，未成熟的果实就混入较多。在管理细致的日本，收获效率更低，平均每天 20 千克，最多的也就是 25 千克（图 1-30）。

另外，由于收获季节与梅雨期重叠，虽然品种间有差异，但由于降雨和成熟过度容易出现裂果和软果问题，常常遭遇果蝇带来的巨大损失。因收获延迟而导致的果蝇危害，也有可能造成颗粒无收。

图 1-29　美国的蓝莓采摘现场

妇女、孩子、老人都能参与采摘。采摘量决定工钱

图 1-30　采摘完全成熟的果实是需要经验的

蓝莓的采摘费时费力，因此，在事先考虑与其他作物的劳动力竞争或在确保收获期劳动力的前提下，来决定种植规模。

（2）在美国，把采摘后的果实装在盛果箱、盛果盒内　在依赖季节工采摘的美国，生食蓝莓果实大多在采摘后直接装入容量约在 300 克的盛果盒（图 1-31）。季节性采摘工人，应接受监督者的检查：检查采摘果实中未成熟果和敲落果的比例（在美国，混入的不合格果实不能超过 6%~8%）。另外，采摘者还要接受勤洗手等卫生管理。

图 1-31　在美国，盛果箱内装有若干个 300 克的盛果盒，可一边采摘一边装箱

（3）每 1000 米^2 收获 200 千克需要 8 个人采摘 如果按照上述每株蓝莓的平均产量来推算每 1000 米^2 成年树的产量，北高灌蓝莓、南高灌蓝莓的产量是 657~999 千克 /1000 米^2，兔眼蓝莓是 1071~1281 千克 /1000 米^{2}㊀。

在美国，一般认为一个品种每隔 5~7 天、分 4~5 次收获比较好。按上面的平均产量计算，每次的收获量是 150~300 千克 /1000 米^2，收获期不齐的蓝莓要想实现等质生产，每天采摘劳动力的分配很重要，假设要在 1 天内完成相当于 200 千克 /1000 米^2 的收获量，需要 8 人以上的劳动力（按每人每天采摘 25 千克计算）。只安排 2 个人就需要 4 天的时间，就会产生熟果和过熟果的问题。这是考虑蓝莓生产经营时必须掌握的要点。

◎ 采摘园经营的要点

在美国，有许多模仿野生矮灌蓝莓的野生地（丘陵地区的平缓地带），取名为“×× 蓝莓园”的采摘园（U-pickfarm）。在这里，交上入园费后可以随便吃，也可以将采摘下来的果实买下来带走（图 1-32）。

图 1-32 美国的蓝莓采摘园

这种经营方式，在近年来蓝莓大受欢迎的背景下，在日本也引起关注。这正是适应蓝莓采摘需要劳动力而开展的经营方式。

但是，采摘后残留熟果的收获、落在地下的果实的处理等，还需要花费别的功夫。如果放任不管，将成为果蝇大暴发的主要诱因，有的甚至造成绝产。在当前可用于防治果蝇的注册药剂较少的情况下，适期收获和清理落果还是最佳的防治方法。市场上的投诉主要集中在果实软化、腐烂及果蝇的危害上，这在采摘园也是一样的。适期收获才是最好的果蝇防治对策，如果不在此下功夫，采摘园的经营也难以成功。

◎ 病虫害少、注册的农药也少

在引入日本初期，蓝莓很少发生病虫害，几乎不需要喷洒药剂。但是，在经过了 30 年栽培后，在不同的地域或年份，造成大暴发并成为问题的病害虫已有几个。比如

㊀ 栽植密度：北高灌蓝莓、南高灌蓝莓以行距为 2.4~3.0 米、株距为 1.2~1.5 米计算，每 1000 米^2 可栽种 219~333 株；兔眼蓝莓以行距为 3.0~3.6 米、株距为 1.8 米计算，每 1000 米^2 可栽种 153~183 株。

造成树叶大量掉落的蓝莓斑点病（图 1-33）、造成花和新芽腐烂的灰霉病、在枝条上大量发生的水木坚蚧（图 1-34）、刺蛾或毛虫类，以及危害果实的果蝇类等。

图 1-33　蓝莓斑点病

图 1-34　水木坚蚧的危害症状

日本以外生产的蓝莓，只要符合日本食品安全标准规定的残留标准，即使使用了日本的《农药取缔法》规定不能使用的农药，也可以在日本上市销售。目前在日本国内注册的应用于蓝莓的农药（表 1-12）很少（蓝莓类专用农药注册）。对于病害虫，在遵守《农药取缔法》的药剂防治的同时，致力于通过改善园地环境和适期收获等农业措施来防治病虫害，这是非常重要的。

表 1-12　日本的蓝莓病虫害防治方法和注册农药（2005 年）

分类	注册农药名称	病虫害	稀释倍数	使用方法
蓝莓类的注册农药	石硫合剂	介壳虫	7 倍	直至发芽前都可使用，对以幼虫越冬的介壳虫有效。初冬喷洒也有效果
	苏云金芽孢杆菌杀虫剂（Toarow）	卷叶虫	500~1000 倍	直到收获的前 1 天都可使用
	小型喷枪用水剂	卷叶虫	1500 倍	直到收获的前 1 天都可使用
	仿生鸢	金龟子幼虫	2 组	发生初期都可使用，不超过 6 次
	油酸钠溶液	蚜虫	100 倍	直到收获的前 1 天都可使用，不超过 5 次
	毒死蜱	介壳虫、毛虫	1000 倍	收获前 14 天停止用药，不超过 2 次（对于介壳虫，收获后立即喷洒有效）
	氯菊酯	斑翅果蝇、毛虫	2000 倍	直到收获前 1 天都可使用，不超过 2 次
	环氧乙烷水剂	斑点病	600 倍	从收获结束到落叶期都可使用，不超过 3 次
适用于全部果树的注册农药	硫酸烟碱（蚜虫、叶螨）、硫黄粉剂（螨类）、鱼藤酮粉剂（叶螨等）、机油乳剂（蚜虫）、BT 水分散粒剂（刺蛾类）、卷叶蛾性诱剂 N（卷叶蛾类）、性干扰剂—R（卷叶蛾类）、性干扰剂—N（卷叶蛾类）			

◎ 妇女、老人可完成的工作

蓝莓的栽培，包括定植（包括添加泥炭苔土以增强吸水性的工作）、覆盖有机物、土壤管理、灌溉、除草、收获、修剪、架设防鸟网等主要工作。其中，在定植后最需要劳动力的是采摘，但只要了解了果实成熟的特性，站在地上就可以操作；收获的果实也很轻，虽说费事，但因为是轻体力劳动，妇女和老人等容易完成，学生等范围更广的劳动力也能派上用场。

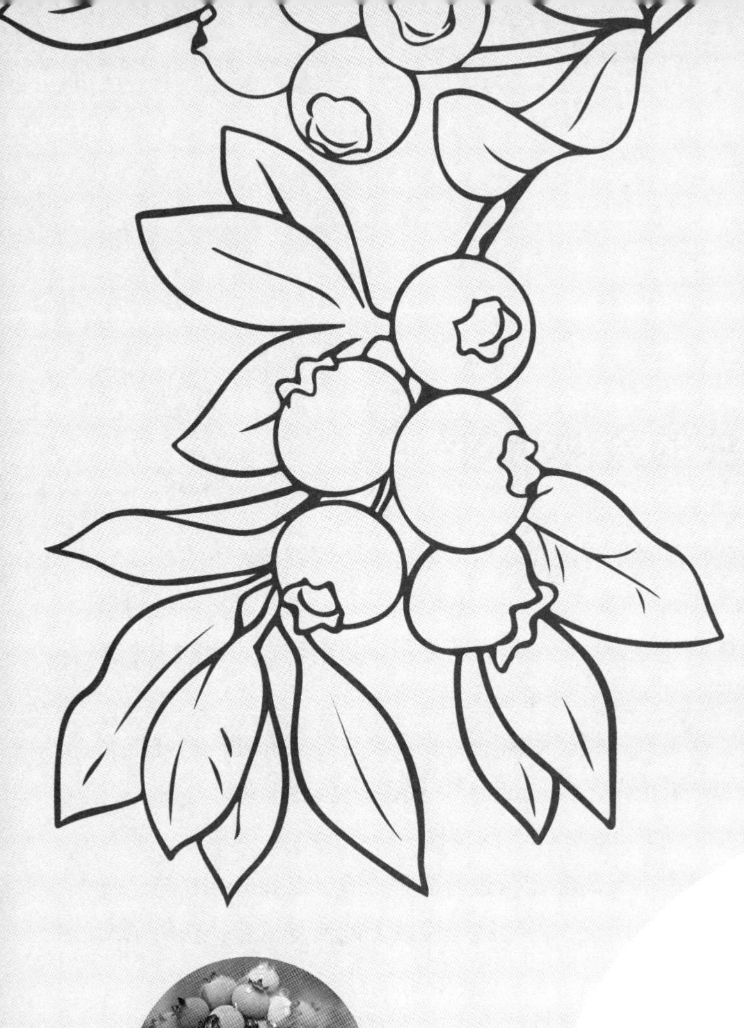

第 2 章

品系、品种的特性

——成为品种鉴别行家

1 近年来引人关注的育种动向

过去十几年是以美国为主的蓝莓品种培育的高峰期，今后也会继续持续下去。

对于北高灌蓝莓，以延长收获期、增加产量、提高果实品质、增强耐暑性或耐寒性、容易采摘、简化修剪，提高抗病性等为目标来培育新品种。目前正在培育的多个新品种，如德雷珀（Draper），可能超过世界上生产量最大的蓝丰。

对于兔眼蓝莓，以培育大果、味道好、提高耐寒性、改善自交不亲和性、增强抗病性、收获期集中等为育种目标，如“哥伦布（Columbus）”等多个品种正在培育中。

南高灌蓝莓是将杂交亲本野生种（*V. darrowii*）的特性——耐暑性、耐旱性、明亮的蓝色、坚硬的果实、馥郁的芳香等引入北高灌蓝莓进行品种改良。*V. darrowii* 与北高灌蓝莓杂交的后代，通过与北高灌蓝莓的回交，再经过三代以上的反复试验，获得了即使在寒冷地区也能栽培的抗冻性。

由此可以看出，今后新品种的培育热潮仍将持续下去。下面请看具体的介绍。

2 各个品系蓝莓的特性与改良目标

◎ 北高灌蓝莓——以高产、大果、味道好为追求目标

北高灌蓝莓是美国北部野生种（主要是 *V. corymbosum*）的改良种。也有与矮灌蓝莓（*V. angustifolium*）的杂交种。其特点是耐寒性好，果实大，品种和味道都很好。1908 年，从野生种中选育出的“布鲁克斯（Brooks）”（*V. corymbosum*）和“罗素（Russell）”（*V. angustifolium*）；经过杂交，在 1920 年又培育出“先锋（Pioneer）”“卡伯特（Cabot）”“凯瑟琳（Katherine）”3 个品种；此后，更多的品种被培育出来。1980

年以后，以美国为中心，澳大利亚、新西兰等地都培育出了新品种。育种工作在美国农业部和密歇根州大规模地进行着。

该品系的品种之间进行杂交，如早熟品种和晚熟品种杂交，产生既早熟又花期延迟（耐霜冻）的后代；以“纳尔逊（Nelson）”为亲本的后代，因其直立性的改善，发生了高品质、高产量的系统性改变；以“公爵（Duke）”“布里吉塔（Brigitta）”“埃利奥特（Elliott）”为亲本的后代，产生了高产、适合长期贮藏的坚硬果实。

◎ 半高灌蓝莓——追求更强的耐寒性

在美国北部和中部的明尼苏达州、密歇根州、西弗吉尼亚州等极寒冷地区，每年都会发生北高灌蓝莓品种的冻害。让整个植株埋在积雪下的矮小化和增强耐寒性是培育的目标。由北高灌蓝莓与矮灌蓝莓杂交培育出了半高灌蓝莓品种（图 2-1）。该品系的很多品种是株高 50~100 厘米的矮树，分蘖力强而丛生（萌蘖枝）旺盛。其中，耐寒性和繁殖性优良、高产、大果、贮藏性好的“北蓝（Northblue）”备受欢迎，中果、品质好的“北陆（Northland）”也多有栽培。

图 2-1　极寒地区半高灌蓝莓的栽培
埋在积雪下，可以防止冻害

北高灌蓝莓和矮灌蓝莓进行杂交，杂种一代的植株高度大多在两亲本之间，高产、早熟、小至中果，果实呈暗蓝色、软而带有芳香气味，这些特性已为人所熟知。日本北海道、东北地区和长野县的高海拔极寒冷地区栽培着“北陆”“北蓝”品种。

◎ 南高灌蓝莓——具有高品质、适合温暖地区栽培的特性

将北高灌蓝莓向果实品质优良、耐暑性优良、适于温暖地区栽培的方向培育，形成了南高灌蓝莓。育种始于两位专家——工作于佛罗里达州坦帕的美国农业部的达柔（Darrow）博士和佛罗里达大学的夏普（Sharpe）博士——的发现。他们发现了生长在牧场的常绿野生种（*V. darrowii*，其染色体数为 2 倍体，见图 2-2），并将其命名为 Florida 4B。之后，美国农业部的德雷珀（Draper）博士尝试了一个在常识上不能成立的杂交（2 倍体的 *V. darrowii* 和 4 倍体种 *V. corymbosum*），偶然间得到了果实。这个预想是 3 倍体的杂交种子，出乎意外地是 4 倍体，这样与北高灌蓝莓（4 倍体）进行杂交

就成为可能，由此引发的杂交育种持续进行，培育出了一系列新品种。

Florida 4B 和北高灌蓝莓杂交得到的种子再与北高灌蓝莓杂交，杂种二代以后的后代，具有低温需求量少、长势强、丰产性好、结出的果实大且有特殊芳香味等特征。一般来说，如果用野生种作为杂交亲本，杂种再结出的果实与野生种特性（果实小且软，呈暗色）相类似，但是用 Florida 4B 杂交后的种子是个例外。正是达柔和夏普的发现，以及作为研究者的德雷珀对未知的挑战，造就了南高灌蓝莓的诞生。

图 2-2 野生蓝莓

南高灌蓝莓品种的培育持续进行，培育出低温需求量少的品种，使蓝莓栽培的地域扩大到亚热带地区。

◎ 兔眼蓝莓——育种目标是大果、味道好、收获期集中

兔眼蓝莓的种子是树势很强的 6 倍体，野生于美国南部的佛罗里达州和佐治亚州（图 2-3）。从野生种选育系统中经过 1~1.5 世代的培育而形成的品种“梯芙蓝（Tifblue）”和“顶峰（Climax）”构成了美国兔眼蓝莓产业的基础。

兔眼蓝莓有 4 个选育出来的野生种，即“迈尔斯（Myers）”“布瑞克巨人（Breck Giants）”“埃塞尔（Ethel）”“克拉拉（Clara）”；它们之间互相杂交，培育出了很多的品种。杂交育种是由美国佛罗里达州的达柔（Darrow）、佐治亚州的乌达德（Woodard）、北卡罗来纳州的莫罗（Moreau）等人自 1940 年开始的。再由德雷珀（Draper）、佐治亚州的布赖特韦尔（Brightwell）和奥斯汀（Austin），北卡罗来纳州的盖勒塔（Galetta）、伯灵顿（Burlington），佛罗里达州的夏普（Sharpe）、舍曼（Sherman）继续进行。

图 2-3 兔眼蓝莓的野生种选育（佐治亚州立大学）

育种的改良目标有果实的颜色、大小、肉质、外观、香味、抗裂性，萌蘖枝的生发能力，抗病性，果实成熟是否集中、早熟、开花期延迟等。品种培育以佐治亚州为中心，由美国农业部、北卡罗来纳州、佛罗里达州培育出低温需求量少的品种。

最近，通过兔眼蓝莓与北高灌蓝莓或南高灌蓝莓的种间杂交，预示着有培育出5倍体品种的可能。

◎ 矮灌蓝莓——从野生种的采集到系统筛选

矮灌蓝莓的生产主要在加拿大和美国的东北部，以采集野生品种（主要是 *V. angustifolium*）的果实为主。在这些地区，每隔几年就焚烧地上的枝干部分，以促进新梢产生，并确保结果，从而维持果树的生产能力。

矮灌蓝莓的育种在美国的缅因州和加拿大的新斯科舍州等地进行，“奥古斯塔（Augusta）”“芝妮（Chignecto）”“斯卫克（Brunswick）”（图2-4）等品种被培育出来。这些品种比野生种的果实品质好，但因繁殖和定植需要经费，很少作为经济栽培来利用。

图2-4 矮灌蓝莓的选育品种“斯卫克”

矮灌蓝莓的品种改良目标是大果、果色、口感、产量、自家结果性、延迟开花、集中成熟、抗病性、地下茎的长势、容易繁殖、直立性、植株的长势、株高的特性、早期结果性、耐干旱性、芽的耐寒性等。

****

在日本，也有几所大学、研究机构、民间团体在从事蓝莓育种工作，但是，还达不到如上所述的美国及其他国家的育种水平，只有群马县农业技术中心培育的“大粒星”“甜粒星”“早熟星”等北高灌蓝莓被注册了。

它们也是从“考林（Collins）”和“康维尔（Coville）”等自然杂交所结的果实中选种、培育而成，并非像美国那样是基于明确的育种目标而进行的种间杂交。培育的果实还有待进一步研究。

3 品种的选择方法——栽培成功的前提

◎ 寻求易培育、高产、味道好、耐贮藏的品种

如上所述，以美国为中心的蓝莓品种开发热潮仍在持续。许多新品种引入日本后以苗木的方式销售。虽然大果、果香等优质新品种的信息满天飞，但在日本仍是在适应性未知的情况下进行苗木销售，这是基本的现状。

如果是把蓝莓种植在庭院或大花盆里，选择适合当地气候条件的品种就可以了。可是，在经济栽培的品种选择上，应该重视的特性是：易栽培、产量高、味道好，果实的贮藏性优良、不易裂果和软化等，这些可以参考美国主要产地的品种信息。

◎ 北高灌蓝莓中引人关注的品种

在美国，北高灌蓝莓的主要产地在密歇根州和纽约州，“泽西”和“鲁贝尔”等品种的新栽数量在减少，产量高、果实品质好和贮藏性优良的“蓝丰”“蓝光”“公爵”“埃利奥特”等品种受到好评，大果的“斯巴坦”“纳尔逊”等的评价也很高。极大果的“钱德勒”和“红利”及其他新品种“陶柔”“塞拉”“蓝金”等也被关注。不过，“钱德勒”和“塞拉”在极寒冷地区的耐寒性被视为问题。以大果、高品质、高产量兼备的“蓝丰”和“蓝光”作为骨干品种，在全世界的北高灌蓝莓产区广泛栽培（参见第11页表1-6）。

在日本，栽培面积最大的长野县的北高灌蓝莓以土壤适应范围广、容易栽培的“蓝丰”和“蓝光”是骨干品种，再与早熟品种相组合，通过这种经营方式，获得稳定的高产量。作为耐寒性优良的大果品种，“蓝光”“蓝丰”“爱国者”“北蓝”“斯巴坦”等在世界各国被推荐（参见第11页表1-5）。

虽然“斯巴坦”很难栽培，但在通气性好的火山灰土中，加入大量的泥炭苔土，再使用有机物覆盖，或嫁接到北高灌蓝莓上进行盆栽，是能够很好地生长的。有报告显示，从福岛县等东北南部到群马县等地，“塞拉”等耐寒性不强的品种也能生长良好。日本培育品种有“大粒星”“甜粒星”等。

◎ 南高灌蓝莓和兔眼蓝莓中引人关注的品种

在美国，兔眼蓝莓和南高灌蓝莓的主要栽培地区是佐治亚州、亚拉巴马州和密西西比州等（图 2-5）。在气候温暖的佛罗里达州，主要栽培南高灌蓝莓。位于中东部的北卡罗来纳州是北高灌蓝莓、南高灌蓝莓、兔眼蓝莓的混合栽培区域。关于品种培育热潮及不断引进的南高灌蓝莓和兔眼蓝莓新品种，日本国内的试验成果和信息很少，大多还是以美国先进生产地的品种动向作为参考。

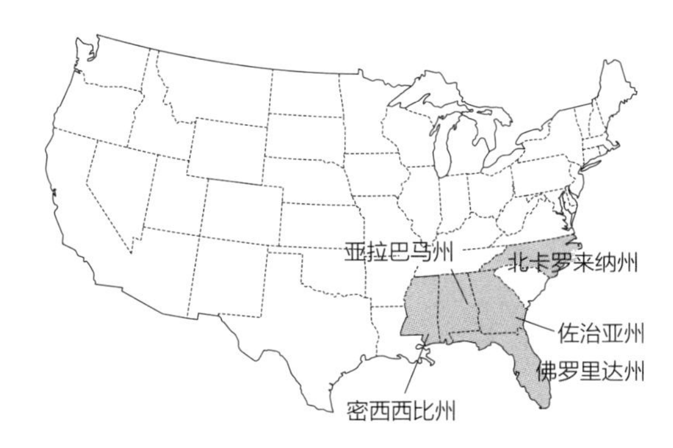

图 2-5 美国南部的兔眼蓝莓和南高灌蓝莓产地

北卡罗来纳州：北高灌蓝莓、南高灌蓝莓、兔眼蓝莓的混合栽培区
佐治亚州、亚拉巴马州、密西西比州：兔眼蓝莓、南高灌蓝莓栽培区
佛罗里达州：南高灌蓝莓、兔眼蓝莓（面向本地市场、采摘园）栽培区

（1）与日本西南温暖地区至九州岛气候相似的佐治亚州的动向 美国市场上，来自南半球的蓝莓在 11 月 ~ 第 2 年 3 月上市销售，南高灌蓝莓的栽培从佐治亚州南部扩展到得克萨斯州西部和加利福尼亚州南部，竞争日趋激烈。

但是，4 月上旬 ~5 月 10 日，蓝莓的供给量很少，直到 5 月下旬北卡罗来纳州产的北高灌蓝莓早熟品种开始上市为止，其价格都很高。

从日本的西南温暖地区至九州岛，其气候条件类似于佐治亚州，在 20 世纪 80 年代前半期，以种植兔眼蓝莓“梯芙蓝”为主（表 2-1）。20 世纪 90 年代前半期，“顶峰”“灿烂”受欢迎，后半期则是“杰兔”“粉蓝”、南高灌蓝莓中的“晨号”和“奥尼尔”的栽培量增加。21 世纪头 10 年，裂果多的“梯芙蓝”人气下降，“粉蓝”和“奥斯汀”栽培量增加，南高灌蓝莓的新品种——“明星”“绿宝石”“木兰”及其他新品种也开始栽培。在美国亚拉巴马州和密西西比州，也有同样的倾向。

表 2-1 美国佐治亚州（兔眼蓝莓主产地）蓝莓品种的栽培动向（佐治亚州立大学）

品系	品种	年度范围内栽培的蓝莓苗木数量（占合计数量的百分比）		
		1951—1999	2000—2003	合计
兔眼蓝莓	艾丽丝蓝	7768 株（<1）	0（0）	7768（<1）
	奥斯汀	34052 株（1）	96396 株（13）	130448（3）
	贝姬蓝	9253 株（<1）	0（0）	9253（<1）
	蓝宝石	5400 株（<1）	0（0）	5400（<1）

（续）

品系	品种	年度范围内栽培的蓝莓苗木数量（占合计数量的百分比）		
		1951—1999	2000—2003	合计
兔眼蓝莓	蓝美人	3967 株（<1）	0（0）	3967（<1）
	灿烂	855273 株（25）	259557 株（34）	1114830（27）
	布莱特蓝	18368 株（<1）	0（0）	18368（<1）
	顶峰	880183 株（26）	20444 株（3）	900627 株（22）
	巨丰	34502 株（1）	6 株（<1）	34508 株（1）
	粉蓝	205085 株（6）	48390 株（6）	253475 株（6）
	杰兔	224129 株（7）	121506 株（16）	345635 株（8）
	梯芙蓝	900600 株（27）	2038 株（<1）	902638 株（22）
	乌达德	97511 株（3）	0（0）	97511 株（<1）
	其他	4895 株（<1）	0（0）	4895 株（<1）
南高灌蓝莓	晨号	37365 株（1）	84086 株（11）	121451 株（3）
	奥尼尔	64964 株（2）	113033 株（15）	177997 株（4）
	佐治亚宝石	1511 株（<1）	0（0）	1511 株（<1）
	其他	7000 株（<1）	12195 株（2）	19195 株（<1）
合计		3391826 株	757651 株	4149477 株

注：其他（南高灌蓝莓）中的品种有“明星”“绿宝石”“木兰”等。
（ ）内的是该品种株数占合计总株数的比例。如“<1”是指该品种株数占总株数的比例小于 1。

（2）与日本九州岛至冲绳北部气候相似的佛罗里达州的动向 与日本九州岛南部和冲绳北部的气候类似的佛罗里达州，在 20 世纪 60 年代开始栽培兔眼蓝莓。但是，由于其成熟期比北卡罗来纳州出产的北高灌蓝莓的早熟品种要晚等问题，产业种植没有发展起来。

1976 年，由于低温需求量少、成熟期早、果实品质优良、比兔眼蓝莓早 4~6 周成熟的南高灌蓝莓品种培育成功，佛罗里达州成为美国最早上市蓝莓的产地。“夏普蓝”“薄雾”“海滨”“绿宝石”“宝石”“新千年（Millennia）”“明星”等休眠期相对较短的早熟品种被栽培（表 2-2）。

兔眼蓝莓以佛罗里达州北部为中心，生产的果实一般供应给当地市场，并向采摘园栽培发展。栽培的早熟品种有“奥斯汀”“贝姬蓝”“波尼塔”“顶峰”“杰兔”，中熟至晚熟品种有“灿烂”“朝克”“粉蓝”“梯芙蓝”等（表 2-2）。在采摘园中，中熟和晚熟品种的产量相对稳定，选择开花时间晚、受霜害影响小的品种“粉蓝”“灿烂”以获得高产。

表 2-2　美国佛罗里达州（南高灌蓝莓主产地）蓝莓的主要品种特性（佛罗里达州立大学）

<table>
<tr><th rowspan="2">南高灌蓝莓的品种</th><th colspan="3">地域适应性</th><th colspan="3">果实特性</th><th rowspan="2">备注</th></tr>
<tr><th>中部</th><th>北部</th><th>南部</th><th>果实大小</th><th>店内贮藏期</th><th>收获期（月 / 日）</th></tr>
<tr><td>蓝脆 *</td><td>2</td><td>9</td><td>9</td><td>8</td><td>10</td><td>4/24~5/15</td><td>甜度、硬度、味道俱佳，产量中等，不好采摘。收获比“明星”晚 1 周，新近栽培的不多</td></tr>
<tr><td>绿宝石 *</td><td>8</td><td>10</td><td>8</td><td>9</td><td>10</td><td>4/19~5/15</td><td>大果、味甜、高产。比“明星”“夏普蓝”早几天收获，是近年来栽培最多的品种之一</td></tr>
<tr><td>海滨 *</td><td>9</td><td>4</td><td>2</td><td>5</td><td>8</td><td>4/20~5/15</td><td>中果、味甜、有香味，果硬。适合作为“夏普蓝”的授粉树。也是现在的主要品种之一</td></tr>
<tr><td>宝石 *</td><td>9</td><td>9</td><td>7</td><td>9</td><td>10</td><td>4/18~5/14</td><td>大果、味甜。未成熟的果实酸味很强。抗疫病（根腐病）弱。要有避霜对策</td></tr>
<tr><td>新千年 *</td><td>5</td><td>10</td><td>7</td><td>8</td><td>7</td><td>4/15~5/15</td><td>大果、味甜，果实硬度同“明星”。高产，也是近年来栽培最多的品种之一</td></tr>
<tr><td>薄雾</td><td>5</td><td>5</td><td>7</td><td>8</td><td>10</td><td>4/20~5/20</td><td>适合作为“夏普蓝”的授粉树。味道良好。因结果太多常造成枝条枯萎多病。有被其他品种替代的趋势</td></tr>
<tr><td>圣达菲 *</td><td>1</td><td>3</td><td>7</td><td>7</td><td>10</td><td>4/24~5/20</td><td>树势强。香味、味道俱佳。果肉硬，果痕小。不易扦插繁殖</td></tr>
<tr><td>夏普海尔</td><td>9</td><td>6</td><td>5</td><td>8</td><td>10</td><td>4/15~5/10</td><td>果实特征与“夏普蓝”类似。有被“明星”“新千年”“宝石”等替代的趋势</td></tr>
<tr><td>夏普蓝</td><td>9</td><td>5</td><td>2</td><td>6</td><td>5</td><td>4/22~5/20</td><td>中果、香味足，是主要品种，但逐步被新品种所更新</td></tr>
<tr><td>明星 *</td><td>2</td><td>10</td><td>9</td><td>9</td><td>10</td><td>4/18~5/10</td><td>比“夏普蓝”树势弱，到成熟的时期短，大果、味道好。果肉硬，果痕小</td></tr>
<tr><td>温莎</td><td>6</td><td>10</td><td>8</td><td>9</td><td>5</td><td>4/18~5/15</td><td>大果、果硬、香味足，果痕深，店内贮藏性不好</td></tr>
<tr><td>杜珀林</td><td>10</td><td>6</td><td>3</td><td>8</td><td>9</td><td>4/22~5/8</td><td></td></tr>
<tr><td>南部美人</td><td>2</td><td>5</td><td>8</td><td>8</td><td>10</td><td>4/18~5/15</td><td></td></tr>
<tr><td colspan="8">兔眼蓝莓品种（面向本地市场生产，以采摘园栽培为主，很少面向全美生产）的早熟品种有：奥斯汀、贝姬蓝、波尼塔、顶峰、杰兔等；中熟至晚熟品种有灿烂、朝克、粉蓝、梯芙蓝等</td></tr>
</table>

注：1. 指数中 10 为最适宜、最大、最优，1 为不适宜、最小、最差。
2. 收获期：4/24~5/15，是 4 月 24 日 ~5 月 15 日的简略表示。
3. 佛罗里达地区：越往南部越接近亚热带气候。其北部适合低温垮需求量较多的品种，南部适合低温需求量较少的品种。
4. 带“*”的品种，是美国佛罗里达种子生产者基金会（Florida Foundation Seed Producers, Inc）的专利品种。

（3）与日本关东地区相似的北卡罗来纳州的动向 日本的关东地区与北卡罗来纳州的气候条件相类似，是北高灌蓝莓、南高灌蓝莓和兔眼蓝莓的混合栽培地区。

北高灌蓝莓中，早熟品种“克瑞顿”和“墨菲”栽培比较多；南高灌蓝莓中，低温需求量较多的“晨号”和“奥尼尔”是较为适宜的品种，除此之外，新品种栽培正在增加。

兔眼蓝莓中，“梯芙蓝”“杰兔”“粉蓝”“哥伦布”等品种被栽培（表 2-3）。

表 2-3 美国北卡罗来纳州（3 种蓝莓混合栽培地区）

各栽培品种的比例

各栽培品种的比例
• 北高灌蓝莓（低温需求量为 700~1000 小时） 蓝片 *（3.4%）、蓝丰（高海拔地区）、蓝光（<1%）、克瑞顿 *（39.9%）、公爵 *（< 1%）、早蓝（高海拔地区）、泽西 *（1.8%）、达柔 *（1.1%）、墨菲 *（4.5%）、纳尔逊（0.3%）、彭德尔 *（1.1%）、沃尔科特 *（1.5%）
• 南高灌蓝莓之一（低温需求量为 300~900 小时） 比洛克西（<1%）、布莱登 *（1.8%）、蓝岭 *（< 1%）、开普菲尔（< 1%）、莱格西 *（< 1%）、奥尼尔 *（3.0%）、奥扎克蓝（< 1%）、晨号 *（16.2%）、桑普森 *（< 1%）、圣达菲（< 1%）、塞拉（< 1%）、南部美人（< 1%）、南月（< 1%）、明星 *（< 1%）、萨米特（< 1%）
• 南高灌蓝莓之二（低温需求量为 150~300 小时） 绿宝石（<1%）、宝石（0）、薄雾（0）、夏普林（0）、夏普蓝（< 1%）
• 兔眼蓝莓（低温需求量为 350~800 小时） 灿烂（< 1%）、森吐里昂（Centurion）（< 1%）、顶峰（< 1%）、哥伦布 *（< 1%）、埃拉 *（< 1%）、蒙哥马利（< 1%）、昂丝萝（< 1%）、杰兔 *（9.8%）、粉蓝 *（2.8%）、梯芙蓝 *（8.4%）、乌达德（< 1%）

注：1. 南高灌蓝莓之一：在北卡罗来纳州（3 种蓝莓混合栽培地区）可栽培的品种。
2. 南高灌蓝莓之二：在北卡罗来纳州不被推荐的品种（适合佛罗里达州栽培的品种，但如果有防止霜害的设施，也可以在北卡罗来纳州进行栽培，还可以设施栽培）。
3. 低温需求量：7.2℃以下的低温时间积累值。
4. 带“*”的品种为主要品种和最近栽培的引人关注的新品种，“( )”内为栽培面积比例，“(<1%)”指 1% 以下。

4 蓝莓的主要品种特性一览

蓝莓的主要品种特性，见表 2-4。

表 2-4　蓝莓的主要品种特性[①]

	品种	亲本	发表年度（年）	开花始期（月/日）	盛花期（月/日）	收获始期（月/日）	单果重/克	甜度等级[②]	酸度等级[③]	甜酸等级[④]	硬度等级[⑤]	裂果性比较	树形	树势	低温需求量***/小时	备注
北高灌蓝莓	维口（Weymouth）	简（June）×卡伯特（Cabot）	1936	4/3	4/11	6/2	1.8	7	3	4	6	多	开张形	中		极早熟、高产，地域适应性广
	蓝塔（Bluetta）	No3× 早蓝	1968	4/5	4/14	6/6	1.7	6	7	2	7	少	开张形	弱		耐寒性强，香味足
	早蓝（Earliblue）	斯坦利（Stanley）× 维口	1952	4/4	4/13	6/5	2.0	7	7	2	7	少	中	中		果皮结实，果味甘香，适于上市销售
	斯巴坦（Spartan）	早蓝 ×US11-93	1977	4/11	4/20	6/9	2.7	4	3	5	7	少	直立形	中		大果，果实大小均匀，适于上市销售，地域适应性窄
	哈里森（Harisson）	克瑞顿 ×US11-93	1974	4/4	4/12	6/9	3.1	5	3	4	6	多	开张形	强		产量低，大果
	克瑞顿（Croaton）	维口 ×F-6	1954	4/1	4/10	6/9	2.2	6	3	10	4	多	强	中		丰产性好，味甜，是北高灌蓝莓中适于温暖地区栽培的品种

（续）

	品种	亲本	发表年度（年）	开花始期（月/日）	盛花期（月/日）	收获始期（月/日）	单果重/克	甜度等级②	酸度等级③	甜酸等级④	硬度等级⑤	裂果性比较	树形	树势	低温需求量***/小时	备注
北高灌	米德（Meader）	早蓝 × 蓝丰	1971	4/7	4/15	6/11	2.3	3	3	6	8	少	开张形	弱		新梢粗；在美国，一次的采摘量可达60% ~ 70%，适于寒冷地区栽培
	考林（Collins）	斯坦利 × 维口	1959	4/8	4/16	6/11	2.3	6	5	3	7	多	直立形	强		丰产性好，酸甜适中，耐寒性差
	公爵（Duke）	G-100 × 192-8	1986	4/9	4/17	6/8	1.7	5	5	2	10	中	直立形	强		丰产性好，果肉清香，适合上市销售
	普露（Puru）（p1）	E118 × 蓝丰	1985	4/10	4/16	6/12	2.8	6	3	4	8	中	中	中		丰产性好；在熊本县苏阳栽培，比蓝丰大一圈
	努益（Nui）（p1）	E118 × 蓝丰	1989	4/2	4/13	6/11	3.1	7	3	5	6	多	开张形	弱		最大果粒重 8 ~ 9 克，果肉柔软，味道鲜美
	瑞卡（Reka）（p1）	E118 × 蓝丰	1985	4/6	4/15	6/9	1.7	5	7	2	10	多	直立形	中		普露、努益、瑞卡等新西兰品种最适宜在夏季冷凉的地区栽培
	蓝金（Bluegold）	蓝色天际（Blue Heaven）× ME-US	1988	4/6	4/14	6/12	2.6	5	5	3	9	几乎没有	直立形	中		丰产性好，果肉清香，适合上市销售

蓝莓	蓝片（Bluechip）	克瑞顿 × US11-93	1979	4/3	4/13	6/10	2.8	4	5	3	7	中	直立形	强		高产，大果，果实大小均匀，完全成熟前酸味足
	丹尼斯蓝（Denise-blue）	蓝色天际的自然杂交种	1977	4/1	4/14	6/14	2.8	8	5	3	9	多	开张形	中		大果，果实大小均匀，果肉柔软，适于采摘园栽培；是北高灌蓝莓中适于温暖地区栽培的品种
	蓝光（Blueray）	GM-37 × CU-5	1955				2.3	5	7	2		少	直立形	强		高产，大果、果实大小均匀、香味好，耐寒性强，是北高灌蓝莓栽培地区的主要品种
	蓝丰（Bluecrop）	GM-37 × CU-5	1952	4/14	4/21	6/15	2.2	5	5	3	8	中	中	中		高产，大果、果实大小均匀、果肉柔软，适合上市销售，是北高灌蓝莓栽培地区的主要品种
	陶柔（Toro）	早蓝 × 艾凡赫（Lvanhoe）	1987	4/7	4/14	6/17	2.7	3	3	3	8	多	中	强		新梢粗，产量略低，地域适应性比蓝丰要强
	早熟星	考林与康维尔的自然杂交种	2004	4/10	4/21	6/19							开张形	中		果粒平均重 15 克，糖度高，但酸味也稍强
	大粒星（p2）	考林与康维尔的自然杂交种	1998	4/10	4/21	6/21						少	中	强		大果、味道好，但酸味也强，适于用来加工果酱、调味汁等

（续）

类型	品种	亲本	发表年度（年）	开花始期（月/日）	盛花期（月/日）	收获始期（月/日）	单果重/克	甜度等级②	酸度等级③	甜酸等级④	硬度等级⑤	裂果性比较	树形	树势	低温需求量***/小时	备注
北高灌	日出（Sunrise）	G180×ME-US 6629	1988	12/14	4/19	6/13	2.4	5	7	2	7	少	中	中		产量中等，果肉柔软
	艾克塔（Echota）	E-66× NC683	1999	4/3	4/14	6/13	2.9	5	3	4	7	少	中	中		高产
	鲁贝尔（Rubel）	从 *V. australe* 中选育	1926	4/17	4/27	6/23							直立形	中		小果，果肉柔软，是栽培品种中抗氧化能力非常强的品种
	伯克利（Berkeley）	斯坦利 × GS149	1949	4/10	4/19	6/18	3.1	7	5	3	8	少	开张形	强		高产，大果，果味甜香，成熟后容易落果
	塞拉（Sierra）	US169×G-156	1988	4/8	4/18	6/17	2.4	5	5	3	8	少	直立形	强		果肉柔软，适合上市销售，是蓝丰、陶柔外的推荐品种
	钱德勒（Chandler）	达柔 ×M-23	1994	4/12	4/16	6/17	3	3	3	5	8	少	开张形	强		果粒重能超过8克，因此要保持植株旺盛的长势；因枝梢粗壮而产量相对较低
	莱格西（Legacy）	伊丽莎白（Elizabeth）× US75	1993	4/1	4/17	6/19	2.8	7	3	5	7	少	直立形	中		果实生产力高，是北高灌蓝莓中适于温暖地区栽培的品种
	彭德尔（Pender）	蓝片 ×B-1	1997	4/10	4/19	6/20						几乎没有	直立形	中		小果，香味极佳

蓝莓	泽西（Jersey）	鲁贝尔 × 格罗弗（Grover）	1928									中	开张形	强		高产，甜酸适中，耐寒性强；若在北高灌蓝莓的温暖地区栽培，会发生结果不良
	迪克西（Dixi）	GM-37 × 斯坦利	1936	4/17	4/23	6/23	2.7	7	3	5	8	多	开张形	强		高产，甜酸适中，耐寒性强；若在北高灌蓝莓的温暖地区栽培，会发生结果不良；生食好吃，适于采摘园栽培
	赫伯特（Herberd）	斯坦利 × GS149	1952	4/19	4/23	6/23	2.7	5	5	3	4	少	开张形	强		高产，香味极佳，果肉柔软，偏于生食，适于采摘后直接售卖的采摘园栽培
	甜粒星（p2）	考林与康维尔的自然杂交种	1999	4/13	4/27	6/30							中	中		果肉稍软，甜酸适中，味道好，容易落果
	达柔（Darrow，也称达罗）	F-72 × 蓝丰	1965	4/6	4/15	6/20	2.5	5	7	2	7	多	开张形	中		高产，大果，早采摘酸度高，果皮软，香味足，适于生食，适于即摘即卖的采摘园栽培
	纳尔逊（Nelson）	蓝丰 × G-107	1988										直立形	中		大果，果肉饱满，香味出色
	布里吉塔（Brigitta）	晚蓝的自然杂交种	1977	4/9	4/18	6/22	2.3	6	7	2	9	几乎没有	中	强		高产，香味好，果肉饱满，甜度高，适于市场销售；是高灌蓝莓中适于温暖地区栽培的品种

（续）

	品种	亲本	发表年度（年）	开花始期（月/日）	盛花期（月/日）	收获始期（月/日）	单果重/克	甜度等级②	酸度等级③	甜酸等级④	硬度等级⑤	裂果性比较	树形	树势	低温需求量***/小时	备注
北高灌蓝莓	卡罗琳蓝（Caroline-blue）	晚蓝的自然杂交种	1977	4/15	4/21	6/21	3.1	8	7	2	6	少	中	中		果肉软硬良好；与上述品种一样，适合温暖地区栽培
北高灌蓝莓	康维尔（Coville）	GM37 × 斯坦利	1949	4/13	4/20	6/25	2.7	6	7	2	9	中	开张形	强		香味良好，酸度稍高，果肉柔软鲜嫩，适合市场销售
北高灌蓝莓	晚蓝（Lateblue）	赫伯特 × 康维尔	1967									中	中	强		酸度稍强，成熟度比较一致，容易落果
北高灌蓝莓	埃利奥特（Elliott）	伯灵顿（Burling-ton）× US1	1973	4/14	4/23	7/7	2.2	6	10	1	7	中	中	中		高灌蓝莓中的最晚熟品种，高产，香味足，酸度强，果肉饱满，适于市场销售，不适于温暖地区栽培
南高灌	明星（Star）（p3）	FL80-31 × 奥尼尔	1996	3/26	4/12	6/7	2.1	7	7	4	9	多	直立形	中	400~450	果实香气宜人，甜中略带酸味，果肉柔软鲜嫩
南高灌	兰宝石（Sapphire）（p3）	杂交母本不明	1999	3/29	4/12	6/8	2.9	7	3	5			中	中	200~300	果实有特殊的香味，略带酸味、甜，果肉柔软鲜嫩

蓝莓	奥尼尔（O'Neal）	沃尔科特（Walcott）× Fla.4-15	1987	3/21	4/8	6/7	2.8	5	5	8	6	少	中	强	450~500	高产
	晨号（Reveille）	NC1171 × NCSF-12-L	1990	4/10	4/18	6/6	2.1	3	3	5	10	少	直立形	中	600~800	果实香味出色，果肉柔软鲜嫩；新梢粗壮，有产量降低的倾向
	开普菲尔（Cape Fear）	US75 × 爱国者（Patriot）	1987	3/28	4/9	6/5	2.3	5	3	7	7	少	中	强	500~600	高产
	宝石（Jewel）（p3）	杂交母本不明	1998	3/28	4/5	6/10	2	4	5	3	6		开张形	中	100~150	果肉饱满，偏酸，但香味好
	圣达菲（Santa Fe）（p3）	艾文蓝的实生种	1999	3/28	4/10	6/13	2.2	7	5	3			直立形	强	350~400	果肉饱满，香味好
	夏普蓝（Sharpblue）	Fla. 61-5 × Fla. 62-4	1975	3/19	4/11	6/12	2	7	7	2	10	多	中	强	200~300	高产，因有特征香味而受欢迎；开花早，但随后若遇低温则无法结果
	佛罗里达蓝（Flordablue）	Fla. 63-20 × Fla, 63-12	1975	3/28	4/8	6/11	2.6	6	5	3	4	中	开张形	中	300	高产
	薄雾（Misty）	FL67-1 × 艾文蓝	1990	3/28	4/17	6/12	2.4	7	3	10	10	少	直立形	强	100	高产，香味良好，果肉饱满
	艾文蓝（Avonblue）	E66 × Fla. 1-3	1977	3/27	4/12	6/13	1.8	7	3	10	10	中	开张形	强	300	高产，香味良好，果肉饱满
	佐治亚宝石（Georgia-gem）	G-132 × US75	1987	3/27	4/14	6/14	2	7	3	4	7	少	中	中	350~400	高产，果肉饱满，香味良好

（续）

	品种	亲本	发表年度（年）	开花始期（月/日）	盛花期（月/日）	收获始期（月/日）	单果重/克	甜度等级②	酸度等级③	甜酸等级④	硬度等级⑤	裂果性比较	树形	树势	低温需求量***/小时	备注
南高灌蓝莓	南月（South-moon）（p3）	FL80-46×4种南高灌蓝莓	1995	3/28	4/10	6/12	2.3	9	3	5	9		直立形	中	300~400	果肉饱满，香味良好
	木兰（Magnolia）	FL78-15×FL72-5	1994	4/10	4/18	6/19	2.9	5	5	3	10	少	开张形	强	500	高产，果肉饱满，香味良好
	杜珀林（Dublin）	290-1×G-156	1998	4/8	4/16	6/15	1.8	5	3	4	8		直立形	中	500~600	中果，果肉饱满，香味良好
	海滨（Gulfcoast）	G-180×US75		4/10	4/21	6/19	1.9	3	10	1	7		开张形	强	200~300	果肉柔软，香味良好
	蓝脆（Bluecrisp）	杂交母本不明	1997	4/3	4/9	6/15							开张形	中	400~600	中果，果肉优良，有脆爽的感觉
	比洛克西（Biloxi）	夏普蓝×US329	1997	4/10	4/16	6/22							直立形	中	400	高产，中果，果肉饱满
	绿宝石（Emerald）（p3）	FL91-69×NC 1528	1999	4/10	4/19	6/21							直立形	中		大果，果肉饱满、甘甜
	珍珠河（Pearl River）	G-136×贝姬蓝	1994	4/8			1.4	10	5	4	10		直立形	强	500	容易培育，也容易繁殖，坐果不良倾向明显；用作砧木的可能性比较大

	布莱登（Bladen）	NC1171 × NCSF-12-L	1994										直立形	中	600	中果，果肉饱满、清香，抗氧化能力强（栽培品种中属于强的）
	奥扎克蓝（Ozarkblue）（p3）	G-144 × FL64-76	1996	4/23	4/25	7/2							中	中	800~1000	大果、果肉饱满、香味优良，是高灌蓝莓中适合温暖地区栽培的晚熟品种
半高灌蓝莓	北陆（Northland）	伯克利 × 19-H	1967	4/11	4/18	6/19	2.1*	5*	4*	5*		少	直立形	强		高产，中果，果肉饱满、香味佳，耐寒性强
	北空（Northsky）	B6 × R2P4	1983				1.1*	9*	3*	4*		中	开张形			小至中果，耐寒性强，大雪覆盖下 −40℃也能生存，株高 35~50 厘米
	北蓝（Northblue）	B10 × US3	1983				2.1*	5*	5*	2*		少	开张形	强		耐寒性强，−30℃的低温对芽和枝条没有损害
	北村（Northcountry）	B6 × R2P4	1986									少	开张形	中		耐寒性强，−37℃的低温也能忍耐
	帽盖（Top Hat）	19-H × Mich.36-H	1977									少				树呈球形，扩展范围为 30 厘米左右

（续）

	品种	亲本	发表年度（年）	开花始期（月/日）	盛花期（月/日）	收获始期（月/日）	单果重/克	甜度等级②	酸度等级③	甜酸等级④	硬度等级⑤	裂果性比较	树形	树势	低温需求量***/小时	备注
兔眼	顶峰（Climax）	卡洛斯（Caraway）× 埃塞尔（Ethel）	1974	4/15	4/25	7/7	1.2**	9**	5**	3**		多	开张形	强	450~500	中果，香味出色，熟果落果多
	乌达德（Woodard）	埃塞尔 × 卡洛斯	1960	4/10	4/24	7/7	1.9	7	5	3	7	中	开张形	强	350~400	收获初期果实大，之后有变小的趋势；有结果不稳定的倾向
	奥斯汀（Austin）	T110× 灿烂	1996	4/11	4/25	7/8	2	9	3	10	10	少	直立形	强	400~500	高产，果肉饱满，成熟果实不易落果，适合于采摘园栽培
	灿烂（Brightwell）	梯芙蓝 × 门梯（Menditoo）	1981	4/15	4/25	7/10	1.9	9	3	7	10	中	直立形	强	350~400	高产，果肉饱满，香味好，是乌达德的替代品种
	节日（Festival）	梯芙蓝 ×T65		4/16	4/25								直立形	强		香味出色，种子极少，口味甘甜，结果稍不稳定
	乡铃（Homebell）	梅尔斯（Myers）× 布瑞克巨人（Breck Giants）	1955	4/15	4/25	7/12	1.4	9	3	8	7	多	开张形	强		高产，味甜，为采摘园所喜爱；为果酱、调味品等上色所必需

蓝莓	尤德金（Yudkin）	杰兔（Premier）× 森吐里昂（Centurion）	1997									少	中	中		中果，果肉饱满、香味出众，收获与梯芙蓝同期
	贵蓝（Nobilis）	梯芙蓝 × 门梯		4/18	4/25		2	9	3	4	8	中	开张形	强		高产，果实硕大、香甜可口，适合于采摘园栽培
	布莱特蓝（Briteblue）	埃塞尔 × 卡洛斯	1969	4/17	4/27	7/15	1.7	5	5	3	9	多	开张形	强	600	高产，果肉饱满，香味优良
	蓝美人（Bluebelle）	卡洛斯 × 埃塞尔	1974	4/20	4/30		1.3**	8**	4**	5**		中	直立形	强	450~500	中果、香气怡人，未成熟的果实呈粉红色，很漂亮；适合采栽园栽培
	贝姬蓝（Beckyblue）	Florida-138 × E96	1977	4/8**	4/16**	7/18**	1.9**	9**	5**	4**		多	开张形	强	300	高产，中果，果皮柔软、果肉饱满、味道甘甜，适于采摘园栽培
	蓝宝石（Bluegem）	Tifton 31 自然杂交种子	1970	4/16	4/27	7/17	1.5**	7**	5**	3**		多	中	强	350~400	高产，中果，果皮柔软、果肉饱满、味道甜，适合采摘园栽培
	艾丽丝蓝（Aliceblue）	贝姬蓝自然杂交种	1978	4/8	4/16	7/25	1.9					中	直立形	中	300	中果，有坐果不稳定的倾向
	蒙哥马利（Montgomery）	NC763 × 杰兔	1997	4/20	4/27							几乎没有	中	中		中果，味香，抗裂果

（续）

类别	品种	亲本	发表年度（年）	开花始期（月/日）	盛花期（月/日）	收获始期（月/日）	单果重/克	甜度等级②	酸度等级③	甜酸等级④	硬度等级⑤	裂果性比较	树形	树势	低温需求量***/小时	备注
兔眼蓝莓	梯芙蓝（Tifblue）	埃塞尔 × 卡洛斯	1955	4/15	4/25	7/14	1.9	7	3	5	10	多	直立形	强	550~750	高产，果肉饱满、味香，熟果味道出众
	粉蓝（Powder blue）	梯芙蓝 × 门梯	1975	4/17	4/27		1.4**	9**	4**	4**		少	直立形	强	450~500	高产，果肉鲜嫩，适合作为梯芙蓝的授粉树
	玛露（Maru）（p1）	杰兔的自然杂交种	1992										开张形	中	400~500	高产，中果至大果，味香，收获期比梯芙蓝晚 2 周
	欧诺（Ono）		1994										开张形	强	400~500	中果至大果，香味好，收获期在梯芙蓝之后
	瑞希（Rahi）（p1）	杰兔的自然杂交种	1992										直立形	强	400~500	中果至大果，芳香四溢，收获期在梯芙蓝之后，贮藏性非常好
	南陆（Southland）	园蓝（Garden blue）× 埃塞尔	1969	4/17	4/27	7/17	1.4	9	6	3		少	开张形	强		中果，果肉鲜嫩、味香；果实与果梗附着不紧密，容易采摘
	巨丰（Delite）	T-14 × T15	1969	4/30	4/28	7/20	1.9	7	5	5		中	直立形	中	500	中果，果肉脆嫩、味香、酸味少、甘甜，熟果带有特殊的红色

	芭尔德温（Baldwin）	梯芙蓝×GA6-40	1985	4/23	4/28	7/22	2.2	7	3	5	8	中	开张形	中	450~500	高产，果皮柔软、味香、味道甘甜；未成熟的果实呈粉红色，很漂亮；适合于采摘园栽培
矮灌蓝莓	芝妮（Chignecto）	从野生株中选育出的品种	1977	4/10	4/15	6/10		11.2	0.54			几乎没有	开张形	弱		果粒重 0.45 克，香味出色、果粉多；耐寒性强，在高灌蓝莓的温暖地区也可以生长
矮灌蓝莓	斯卫克（Brunswick）	从野生株中选育出的品种	1977									少	开张形	弱		果实比上述品种大，果香出众，果穗上果实成熟均匀

注：*：引用的是茨城县土浦市 2003 年（玉田，2004 年）的数据；**：引用的是东京都府中市始于 1992 年的数据；***：高灌蓝莓的低温需求量在 800~1200 小时。

（p）：专利品种（p1 为新西兰，p2 为日本，p3 为美国）。另外，空栏表示没有数据。

① 本表数据为日本东京都府中市 2003 年、2004 年、2005 年的测定数据及其平均值。各个品系基本上按极早熟至晚熟品种的顺序记载。

② 把折射糖度测定值（Brix 值）在 8~16 的，分为 3~10 级来表示。

③ 把滴定酸度值（%）在 0.2~1.0 的，分成 3~10 级来表示。

④ 把糖酸比在 10~100 的，分成 1~10 级来表示。

⑤ 把硬度测量值（克）在 50~175 的，分成 1~10 级来表示。

第 3 章

新株栽培和旧园更新

1 育苗方法——硬枝扦插法

蓝莓的育苗方法有扦插、压条、种子繁殖、组织培养等。一般采用既简单又能够大量产苗的扦插法（图 3-1）。

扦插有硬枝扦插和嫩枝扦插两种。虽然也有组织培养技术，但是因为费用昂贵，除了批量生产之外，没有实用性。在美国，组织培养只用在容易发生僵果病（由念珠菌引起）的品种上，以防止用休眠枝进行扦插时将病原菌传给子株。一般情况下不用组织培养技术进行育苗。

通过种子发芽来培育幼苗的种子繁殖，只在新品种的育种中使用。不过，在美国北部和加拿大，利用野生种的果实进行繁殖的矮灌蓝莓，因植株的地下茎（根状茎）容易蔓延，长出大量的实生苗。所以，通常也利用实生苗进行繁殖。

图 3-1　培育幼苗一般采用扦插法

用营养钵培育大批幼苗的关键是浇水

◎ 插穗的准备、调整

幼苗培育一般采用硬枝扦插法。美国佐治亚州立大学的研究报告曾指出，硬枝扦插生根不良，因此在兔眼蓝莓的繁殖上采用了嫩枝扦插法。但是，日本东京农工大学的研究表明，如果使用鹿沼土与泥炭苔土的混合土，硬枝扦插也能充分生根，并在实际中广泛应用。无论是北高灌蓝莓还是南高灌蓝莓的品种，采用硬枝扦插法，生根都很容易（表 3-1）。

表 3-1　北高灌蓝莓硬枝扦插生根情况的品种间差异（俄勒冈州立大学）

生根的难易程度	品种
容易	蓝塔、爱国者、北陆、蓝光、伯克利、康维尔、泽西
中等	早蓝、考林、奥林匹亚（Olympia）、赫伯特、埃利奥特
难	斯巴坦、蓝鸟、艾凡赫、蓝丰、达柔、斯坦利、康科德

（1）在发芽前剪取插穗　硬枝扦插时，可以将剪取的插穗贮藏后使用，但是用早春（发芽前）采集的插穗直接扦插比较好。这时要注意，不要过早地采集插穗或进行扦插。蓝莓因品系不同，打破休眠所需的低温需求量也不同。如果过早地剪取插穗、过早地在温室中进行扦插，插穗的发芽和生长就会处于劣势。

插穗的采集，要在确认是否满足了低温需求量（7.2℃以下的低温累积量）之后进行，据此决定扦插时间。按蓝莓的品系分，北高灌蓝莓的低温需求量是 800~1200 小时，南高灌蓝莓是 200~600 小时（一部分品种是 1200 小时），兔眼蓝莓是 400~800 小时（参见第 8 页）。低温累积量由于地域不同而不同，可以通过气候观测数据来计算，也可以咨询农协或农业改良普及中心进行确认。

另外，即使在满足低温需求量之前采集了插穗，只要在 1~5℃条件下贮藏一定时间，打破休眠所需的低温需求量就能使用。贮藏 10 天可满足 240 小时的低温需求量；贮藏 30 天，可满足 740 小时的低温需求量。

（2）选用健壮的 1 年生休眠枝作为插穗　选用枝端健壮的 1 年生枝作为插穗，会提高生根率（图 3-2）。要尽力培育用来采集插穗的母株。比较好的做法是每年从植株的基部剪截，用多发的新梢作为插穗（图 3-3）。

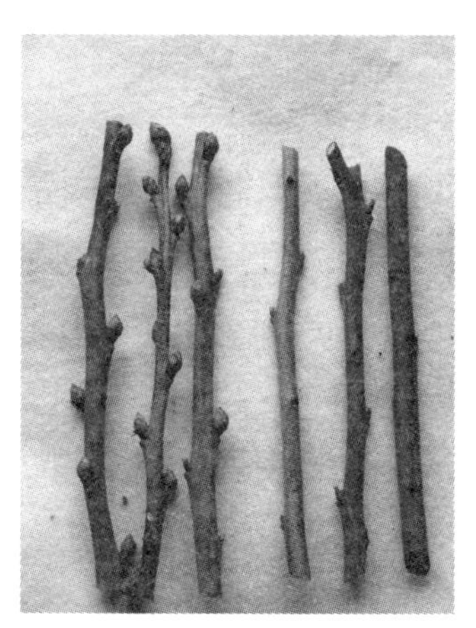

图 3-2　硬枝扦插的插穗

不要使用左边 3 个着生花芽的插穗。休眠枝上即使有 1 个花芽，生根也会不好

插穗应比一次性筷子稍细一点。太粗则生根较差；

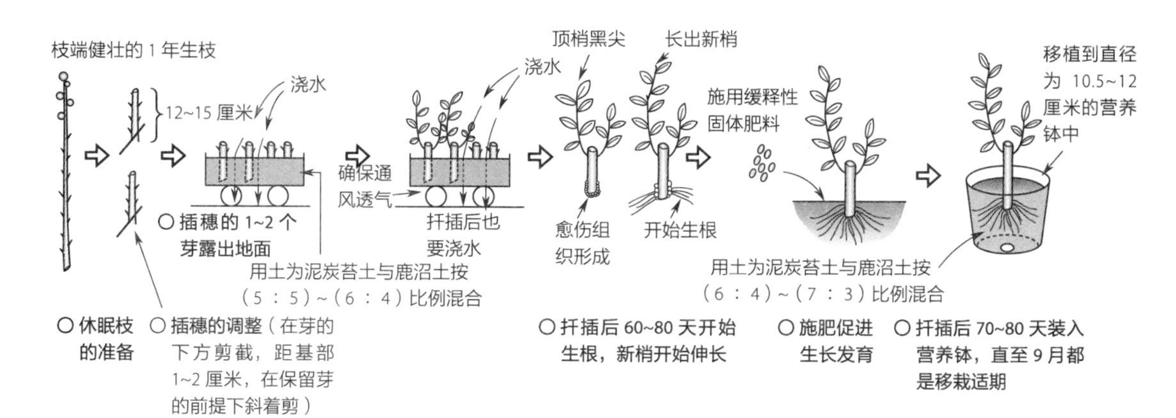

图 3-3　硬枝扦插的顺序及要点

如果过细，由于贮藏的养分少，生根后的生长发育会不良。

插穗长度为 12~15 厘米，不要使用着生有花芽的枝梢部位。如果剪得太短，也会因贮藏养分不足，生根后生长发育变差。

（3）在芽的下方剪截以促进生根 截取插穗最好使用修枝剪，在量大的情况下也可以使用电动刀、锯等。芽的上下有称为叶痕的位置，这里有易于形成根原基的分生组织。因此，在插穗基部、芽的下方剪截。这样做对于生根不好的品种尤为重要。

另外，将插穗剪断后，从距基部 1~2 厘米处，用锋利的小刀一边注意保留芽，一边微斜地切下去，以去除插穗截断时被破坏的树皮和形成层组织，促进产生根原基的愈伤组织的形成。特别是在整枝修剪后，将修剪下来的 2~4 年生枝当作插穗使用时，对插穗的基部进行斜切，以促进枝条根原基的形成是非常重要的。

（4）采集插穗后防止干燥 采集插穗后，如果要贮藏保存，要密封在厚的塑料膜或塑料袋中。适宜的贮藏温度是 1~4℃。如果是长时间贮藏，应尽可能地存放在接近 –1℃的温度下。但是，如果在 –1℃以下的温度下持续贮藏几个月，会出现芽被冻伤的情况。

用塑料袋贮藏插穗时，不要往袋子里加水或放入湿报纸，只靠插穗排出的水分来保持内部的湿润，这是很重要的。这种情况下，如果袋子上有孔洞，就会因为干燥而使插穗全部死亡，所以要多加注意。此外，如果将插穗与产生乙烯气体的苹果等一起贮藏，发芽会提前。

◎ 泥炭苔土 + 鹿沼土的混合用土

蓝莓扦插的要点之一是在育苗土中添加泥炭苔土。但是，如果只在泥炭苔土上进行扦插，生根后根会缠绕在一起，这给装盆移栽带来困难。另外，扦插苗床变得更湿，生根状况也会变差。扦插用土的适宜 pH 在 4.5~5.5。pH 接近于这个值的泥炭苔土与鹿沼土的混合土是最适合的扦插用土。

（1）混合比例是（5：5）~（7：3） 泥炭苔土与鹿沼土的混合比例为泥炭苔土占 50%~70%、鹿沼土占 30%~50%。泥炭苔土过多容易过湿，鹿沼土过多容易干燥。对生根难的品种（斯巴坦、蓝丰等）略微加大鹿沼土的比例，有望提高土壤的通气性。另外，也可以使用鹿沼土的替代品土珍珠岩、砂、蛭石等，但未经腐熟的锯末和稻糠等不适合。

（2）泥炭苔土吸水后再混合 泥炭苔土是在干燥状态下运输并销售的。与鹿沼土混合之前，要将泥炭苔土放在容器中加水，一边用手搅拌，一边使其充分吸水，吸饱水后再使用。如果将干燥的泥炭苔土与鹿沼土混合，直接放入扦插苗床或育苗箱中，然后再洒水，泥炭苔土不会充分吸水，它与鹿沼土是分离的。要让泥炭苔土充分吸水（看上去像浸润在水中一样时），再与鹿沼土混合。

可以直接在地面上做一个框架，在里面装入育苗用土即可作为扦插苗床。但容易出现排水不良或因杂菌引发病害等问题。使用市面上销售的底部有许多小孔的（也有网格状的）的塑料扦插箱也很方便。箱子的宽度为 30~50 厘米、深度为 12~15 厘米比较好。

每年都要使用新土作为育苗用土，这是至关重要的。有扦插在前 1 年使用过的培养土中而造成苗木全部死亡的例子。使用过一次的用土，可能有病原菌侵入，即使没有也会因各种原因被认定为“不好的土壤”。

将育苗用土在浸湿的状态下装入箱子。装箱深度是很重要的，插穗深插，可以防止夏季的干旱。

◎ 扦插的步骤和要点

（1）扦插的时机 最重要的是在插穗发芽之前进行扦插。如果有塑料大棚或玻璃温室等加温设施，可以比露地更早进行扦插，以促进早期生根来培育大苗。这种情况下，必须打破插穗的休眠。在设施栽培中，在确认其品种需要多少低温需求量之后，再进行扦插。在没有解除休眠的情况下，即使在加温设施中进行扦插，生长发育也处于劣势，而且生根率低。

低温需求量因品种不同而不同，必须加以注意。一般低温需求量少的南高灌蓝莓品种可以最早扦插。另外，在像长野县这样的寒冷地区，在加温设施内扦插北高灌蓝莓时，可以比解除休眠晚的温暖地区更早开始。

在露地扦插的情况下，该地区发芽期前后为最佳扦插时期。常见问题是扦插后极度干燥或降雨容易造成过湿。尽量将扦插箱放在简易避雨处。另外，不要放置不管，要注意通风。插穗发芽后湿度过高容易发生疾病，因此要注意保持设施内的通风透气。

扦穗时只使用健康的插穗，对有疑似病害症状的插穗毫不犹豫地丢弃。因 1 个插穗有病而扩散到整个苗箱的情况时有发生。另外，经长期贮藏的插穗，要放入桶中吸水 1 个小时以上，再进行扦插。

（2）营造良好的苗床环境 扦插的要点如下：

①注意插穗上芽的位置，不要上下颠倒。

②为了防止干旱，将整个插穗的 2/3 插入土中，只留 1~2 个芽露出地面。

③插穗间距过窄，发芽后通风换气条件变差，成为发生病害的原因，要将插穗间距

扩大到 5 厘米 ×（5~7）厘米或更大些。

④扦插后马上充分浇水，使插穗和土壤紧密地结合在一起。

⑤每个培育箱都要贴上标签，标签上注明品种名等信息。

扦插后有时会发生病害，表现为叶片或茎变黑，或叶片发霉腐烂，或出现环状斑点进而落叶。原因大概是使用的插穗感染了病害，或是扦插苗床的环境条件有利于致病菌的发生。可用于蓝莓的农药很少，如果病害发生，很难用药剂来防治。把扦插苗床放置在通风、光照条件好的地方，营造适合幼苗生长的环境是最重要的。因此，要遵守如前所述的要点：控制浇水，通风良好，使用健康的插穗，适当地扩大插穗间距，这些都是非常重要的措施。

◎ 扦插后的管理——确保灌溉用水和苗床土壤的通气性

（1）既要防止持续干燥又要保证光照 在美国，一直就在被称为“Lath House（遮光育苗室）”的半遮光的设施内建造扦插苗床，以防止蒸腾为最大的目标。但是，有研究表明：促进插穗生根，最好是叶片上有强光照射。技术指导上，应定期进行浇水和洒水来防止干燥，并鼓励把扦插苗床放在阳光直射的地方。在日本，直射光线下的育苗试验也取得了好成绩。

（2）发芽后也不要忘记浇水 虽然地域不同，但扦插后 1 周左右，插穗就会长出 2 个芽，并开始生长。新梢长到 5~10 厘米时停止伸长。这期间，插穗一边从苗床上吸取水分，一边利用贮藏的养分伸长，最重要的是不要发生断水现象。初学者常出的问题是看到芽长出来了，就放心地认为扦插成功了，然后忘记了浇水管理，结果很多时候插穗都枯萎了。因此，发芽后也不要忘记定期浇水。

在插穗贮藏的养分消耗殆尽之后，生长点部会变成被称为“黑尖”的黑色小点而停止生长。这期间，在插穗基部的形成层中形成愈伤组织，内部形成根原基。蓝莓在扦插后经 60~80 天开始生根（因气候条件和放置场所不同而有差异）。生根后，之前停止生长的芽的顶端开始发出新芽。在扦插育苗箱中，如果 60% 以上的插穗长出新芽，就可以判断大部分插穗已经生根。

生根之后就要控制浇水，在确保通气状况良好的前提下进行浇水管理。育苗箱不要直接放置在地面上，而要水平地放置在台座上或用角木、砖块等垫起底部，这样做既容易排水也可以保持苗土的通气（图 3-4、图 3-5）。

（3）最好使用缓释性肥料促进生长发育 生根后，在通气良好的状态下，施予缓释

图 3-4　扦插育苗箱的设置
安置在排水良好的地方，避免直接放在地上

图 3-5　在地面上建造的硬枝扦插苗床
苗床底部的排水十分重要（以美国新泽西州为例）

性肥料或液态肥来促进生长发育。通过施肥来促进生长发育的效果显著，但施肥方法极其困难。

初次体验扦插的人，有很多这样的例子：小心观察、精心培育的幼苗，因为施肥错误而全部枯死。蓝莓的细根没有根毛，对肥料的浓度极其敏感。将市售的液态肥或硫酸铵稀释成 0.2% 的浓度，按每箱 100~200 毫升的量进行喷洒是有效的。如果把浓度搞错，就存在"全军覆灭"的危险。因此，最好在每个苗箱中撒上十几粒市售的缓释性固体肥料（缓释期为 60~90 天，含氮、磷、钾 5%~10% 的固体肥料）。

再者，施用的氮肥必须是氨态氮肥，这一点很重要。另外，如果想在扦插苗床上安全越冬，为了抑制插穗根部的过度生长，最好不要施肥。

（4）生根促进剂没什么用　为促使插穗生根，经常使用吲哚丁酸和 1- 萘乙酰胺等具有生长素作用的植物生长促进剂。但是，对于蓝莓的硬枝扦插，它们起不到显著的效果。插穗基部经过处理，可以确认有愈伤组织形成，但是由于内部的根原基没有形成，愈伤组织异常膨大、变褐，如此造成腐烂的情况有很多。到现在为止，生根促进剂的有效试验结果还未得到认可。

（5）寒冷地区也有给苗床加温的方法　如果能够利用加温技术，也能提高生根率。温度以 20~25℃最好，可以使用热垫或温水、电热线等。控制温度需要恒温器，热源不要靠近根部。

◎ 装盆的时期与方法

（1）秋季或第 2 年春季装盆 如前所述，插穗生根已是扦插后 60~80 天了。因此，装盆要以扦插后 70~80 天为标准，在确认生根状态良好后再进行。

但是在寒冷地区，如果把扦插育苗箱露天放置，生根可能会推迟。另外，9 月以后温度下降早的地区，如果在秋季装盆，移栽后的生长期变短，越冬前根部不能充分伸展。这种情况下，最好让扦插苗在育苗箱内越冬，第 2 年春季发芽前再装盆比较好。如果这样做，积雪不会成为特别的问题，但是要注意防止干旱。即使是在落叶后，也要观察苗床的干燥程度，在整个冬季也要视干燥程度进行浇水。

（2）根据树苗的生长发育情况确定花盆的尺寸 装盆时可以用直径为 10.5~12 厘米的塑料盆。如果苗量不多，可以用稍大一点的盆（直径为 12 厘米以上），这对促进苗木生长发育比较好（图 3-6、图 3-7）。

图 3-6　根据苗木的大小来选择花盆的型号

图 3-7　贴上标签以免品种混乱

盆土多采用鹿沼土与泥炭苔土的等量混合土或泥炭苔土多一点的混合土。盆土应具备优良通气性和保湿性，这是非常重要的。如果要掺入大田土，掺入量不要超过 10%~20%，这也是十分重要的。但是，如果从移栽后防止杂草丛生这方面考虑，最好只使用没有混入种子的鹿沼土或泥炭苔土。

（3）装盆后的浇水管理和施肥注意事项　装盆后，暂时放在阴凉处。

装盆移栽后，缓苗 2~3 周后再进行施肥。与扦插苗床一样，使用缓释性固体肥料是安全的。如果氮、磷、钾成分按含量 10% 等量计算，每盆中施肥 5 克左右。液态肥、硫酸铵、尿素等速效性肥料，由于容易发生浓度障碍和有效期较短，最好避免使用。

浇水要按一定的时间间隔来进行。以泥炭苔土为主要成分的盆土一旦干燥就难以再吸水，这一点需要注意（图 3-8）。

（4）培育大苗时，要在种植沟里填满泥炭苔土　9 月上旬前装盆的树苗，如果生长良好，第 2 年秋季就会长成高 20 厘米左右的树苗。定植用装盆后第 2 年的、经过 1 年培养的 2 年生苗或 3 年生苗比较合适。

大苗的培育有 2 种方式。一种方式是将当年扦插的、秋季（9 月左右）装盆的树苗，于第 2 年定植到育苗圃中，进行集中管理，再经 1~2 年后长成大苗；另一种方式是在第 2 年春季来临之前一直在育苗箱内培育，春季发芽前，再将充分生根的树苗定植到育苗圃中。不论哪种方法，都要按 1 米的行距，开挖深 30 厘米左右的沟，其中填满湿透的泥炭苔土，之后再按 30 厘米的株距进行定植、培育（图 3-9）。在定植 2 周后，每株旁施用缓释性固体肥料 5 克，之后按 6 周的间隔施肥数次。

为防止杂草丛生，在以植株为中心的地表铺上锯末等有机物覆盖物是有效的（图 3-10）。另外，别忘了定期浇水。

图 3-8　盆栽苗的干旱危害
含有泥炭苔土的盆土，一旦干透就很难吸水，造成新梢尖端枯萎

图 3-9　培育大苗要在移栽前需施入大量的泥炭苔土

图 3-10　地表铺上有机物覆盖物，还能起到防除杂草的作用

◎ 苗木的越冬方法

（1）装盆后的苗木越冬 花盆里的树苗越冬，要注意防旱、防冻、防雪、防野兽（鼠）等灾害。

冬季，落叶后的树苗水分蒸发很少。但是，若盆土过干，根部有时会受到损伤。要让树苗安全越冬，要在盆土中加入足够的水并摆放在托盘上。盆土的干燥程度因地域、降雪、降雨的状态而不同，因此从早春开始就要注意观察，必要时浇水。为了防止盆土干旱，给树苗覆盖上一层厚5厘米左右的稻糠是有效的。

在多雪的地区，把树苗放置在屋檐下、屋子里等可以避开雪害的地方就好了。如果条件不具备，在露天状态下越冬，也有把盆栽的树苗放倒的方法。这种情况下，枝条的顶端着生花芽的部分和植株基部粗壮的部分有时会被野兽啃食，所以需要注意。

（2）定植的苗木越冬 在苗床上定植的树苗与盆栽苗相比，虽不易受到干旱危害，但是在冬季降雨少的地区，在早春的干旱时节，也有必要浇水。

在多雪的地区，有必要采取防雪灾对策。对每株应立支柱进行捆缚固定。

◎ 其他育苗方法

嫩枝扦插法

（1）如果有雾化喷灌装置，嫩枝扦插简单方便 嫩枝扦插与硬枝扦插相比，生根的时间缩短。在美国，因硬枝扦插较为困难，兔眼蓝莓大多通过嫩枝扦插来繁殖。

由于嫩枝扦插是在夏季水分蒸发量大的时候带着叶片扦插，所以有必要利用雾化喷灌装置等定期喷水，以抑制叶片的蒸腾作用（图3-11）。

图3-11 利用雾化喷灌装置，嫩枝扦插成为可能

（2）插穗的要求与采集的时期 采用嫩枝扦插时，是在6月下旬~7月上旬的新梢第1次停止生长时期，从顶端结果的树枝上截取插穗。寒冷地区和温暖地区新梢第1次停止生长的时间有很大不同。北高灌蓝莓从新梢第1次停止生长开始，2周内采集插穗并扦插，能够获得比较高的生根率；但是晚熟品种与早熟品种

相比，稍晚采集的，生根率有上升的倾向。其理由尚不明确。

根据美国密西西比州立大学的报告，嫩枝扦插所用插穗的采集时期，最好是在新梢顶端的芽快要停止生长的时候。过早则容易萎蔫，过晚则生根不良。之后，在第2次萌芽再次产生后立即采集，生根情况也比较好。

（3）插穗的调整 插穗要从距离新梢顶端的5~6节处剪下，浸在盛有水的桶中。剪下插穗后，立即剪去基部的叶片，只留顶端的2~3片叶。大叶再剪去叶片的一半左右。在清除插穗基部溢出的组织后，用锐利的小刀斜切去一部分（图3-12）。大量剪取用于绿色扦插的插穗会引起植株衰弱，第2年的花芽也会减少。从用来生产果实的植株上剪插穗，要对植株的生长状态做出判断，再决定采集量。

扦插用土和扦插苗床同硬枝扦插。不过，有必要使雾化喷灌装置，以防止蒸腾作用。

（4）扦插和装盆 在扦插苗床上开穴，把整个插穗的1/2~2/3插入土中，以免插穗干燥。插穗间距为5厘米×5厘米左右，插穗与苗床间的空隙要压实。

嫩枝扦插时，扦插后要经过4~7周才能生根。生根后的插穗要装在塑料盆中。盆土仍要使用泥炭苔土与鹿沼土的混合土。如果移植，要施以缓释性固体肥料。需要注意的是，如果氮肥施用时间过晚，冬季植株容易受到冻害。

把装盆后的树苗放在不易遭受冻害的地方越冬。为了防止干燥可以盖上稻糠等。如果打破休眠所需的低温需求量（参见第55页）已经满足，也可以放入温室等促进生长发育。

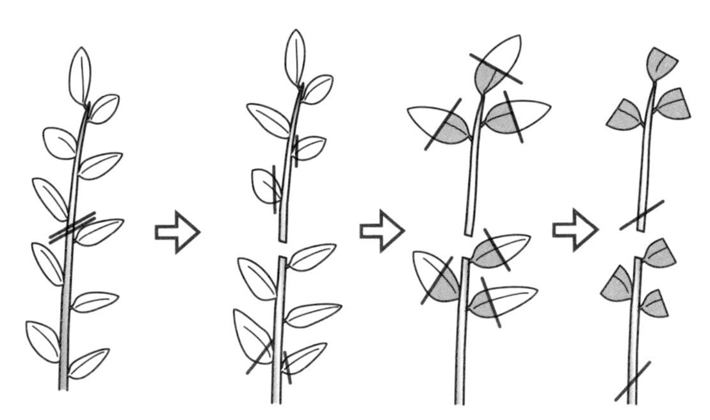

图3-12 嫩枝扦插插穗的剪取方法

嫩枝扦插的情况下，生根促进剂很难产生效果。浇水的最佳方式是采用间歇式的喷雾装置（每隔 10 分钟喷洒 2~10 秒）。

直接取苗法

（1）取自根蘖枝和地下茎的大苗　因为蓝莓是灌木，所以每年都会从植株中心长出数个新梢，从而使树丛变大（图 3-13）。新梢从原来直立的树丛中、从地下部钻出来的叫根蘖枝（萌蘖枝的一种）。这种根蘖枝在兔眼蓝莓中多见，北高灌蓝莓比较少。

另外，植株低矮、横向扩展变大的矮灌蓝莓，其根状茎（地下茎）不断伸展，在远离植株的地方长出根蘖枝，并且扩展能力很强。半高灌蓝莓的品种，如通过与矮灌蓝莓杂交而培育出的“北陆”等，有很多容易产生根蘖枝。此外，作为南高灌蓝莓培育亲本的野生种（*V. darrowii*），因其属于矮生树种，所以地下茎横向生长，也容易产生根蘖枝。

培育蓝莓大苗，有利用挖取根蘖枝和截取地下茎上长出的苗这两种方法。兔眼蓝莓定植后几年，根系不断扩大，地下茎也会横向扩展，从植株基部或稍微远一点的地下部长出大量根蘖枝。如果是比较年轻的植株上长出的根蘖枝，可以从靠近其长出的部位插入铲子，带根挖取树苗。

挖出的根蘖枝大多相当于 2 年生的苗。如果是在休眠期挖取，可以作为定植用的苗。

（2）从大株基部带根剪切、取苗　定植后生长 10 年以上的植株，插入铲子来挖取根蘖枝变得困难。这种情况下，可以除去根蘖枝长出部位的覆盖物和土，在保证枝条带

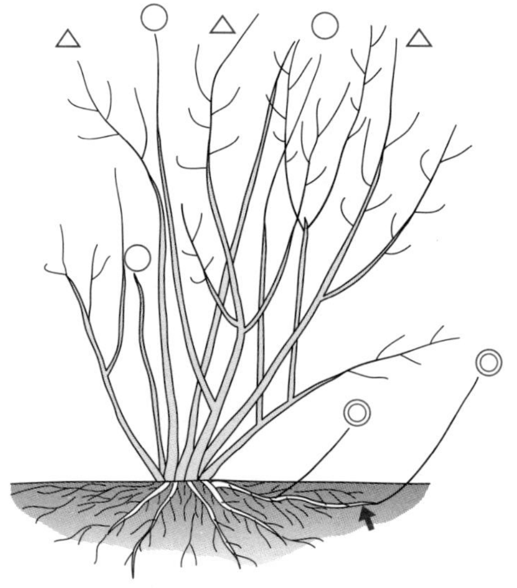

枝条的名称

枝干
- ○ 1 年生枝（从植株基部生长出的强壮新梢）
- △ 主干枝（从植株基部长出的强壮的 2 年生以上的枝条）
- ◎ 根蘖枝（由蘖芽长成的枝条）
- ➜ 根状茎（地下茎）

图 3-13　处于休眠期的蓝莓示意图

根的状态下，用切根剪等工具切根、取苗。

（3）在新梢基部培土以繁育苗木　对树势强的兔眼蓝莓，挖取从植株基部长出的萌蘖枝非常困难。如果在休眠期除去植株基部的土层来进行剪取，那么从一株上就能获得很多大苗。对于萌蘖枝发生量少的品种，每年将壮年树从近地面处剪截就会长出大量的新梢，新梢适合作为扦插用的插穗。另外，也可以采用直接取苗法——用泥炭苔土、稻糠、锯末、沙子等混合后的土壤在植株基部培土来培育大苗（图 3-14）。

但是，从 1 年以上的枝条的木质部分长出新根不太容易。所以在新梢生长的过程中，要分几次进行培土。另外，培土容易干燥，所以要多用稻草等覆盖，以防止水分蒸发，并根据需要进行浇水。北高灌蓝莓的根系很浅，耐湿性弱，如果培土的土壤通气性差，母株也有可能会枯萎。

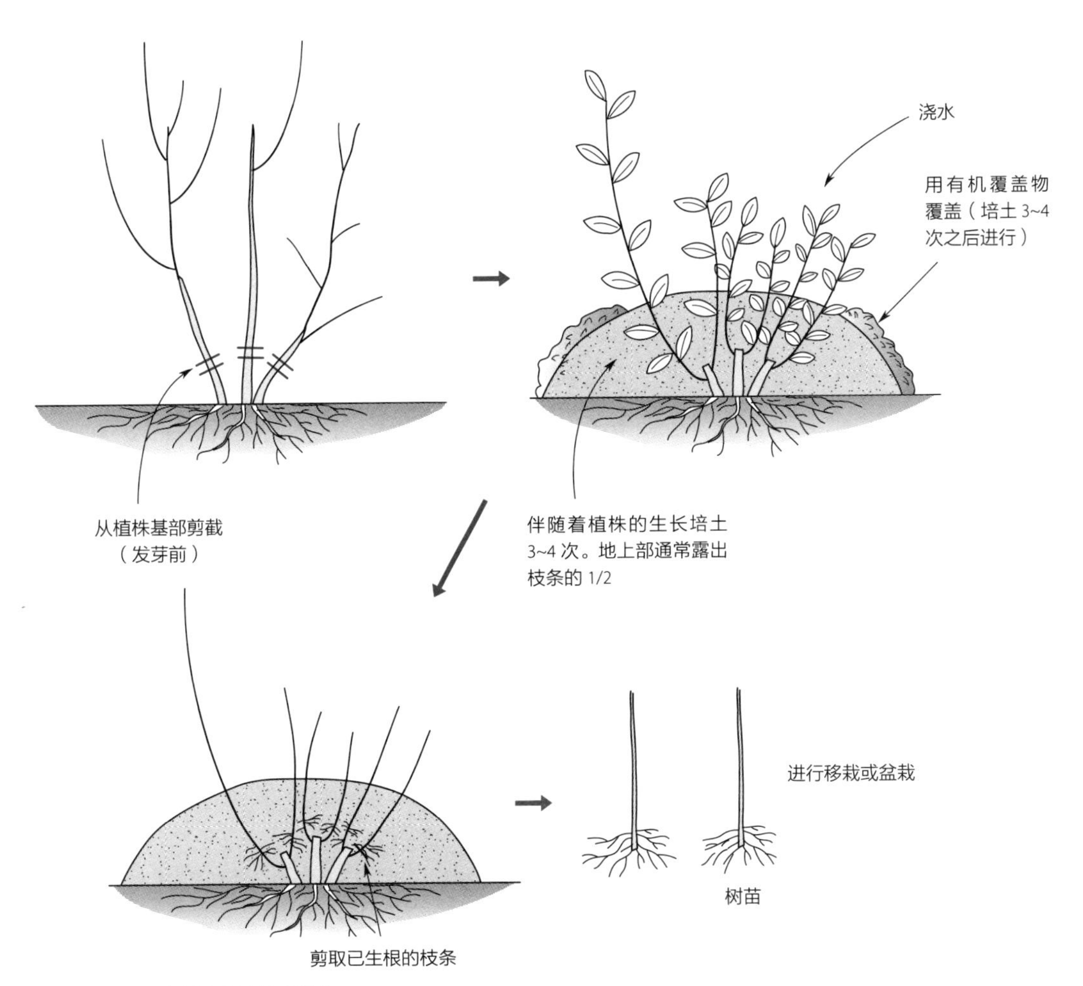

图 3-14　采用直接取苗法培育苗木

2 定植

◎ 定植场所的选择与准备

对于蓝莓来说，在不适宜的土地，即使进行最好的管理也难以栽培成功。比如，应避开这样的地块：虽采取了排水措施，但距地表 15~20 厘米的土层经常处于过湿状态且通气性难以改善。这是因为蓝莓的细根上没有根毛，在胶体状的泥土中不能伸长。

（1）在土壤中多加泥炭苔土并覆盖有机物　蓝莓栽培以火山灰土和砂壤土为最优。对土壤进行组合配比，在定植穴中混入大量的泥炭苔土和砂壤土的同时，还要采取彻底的排水对策，这是非常重要的。

另外，在新开垦田地和休耕田，在定植前的 1 年或半年，将堆肥等有机肥按每 1000 米^2 施入 2~3 吨，然后用犁和耙进行翻耕就可以了。在定植前的秋季，播种小麦、燕麦等绿肥植物，也有很好的效果。定植时，用木材碎片、锯末等有机物覆盖（厚 15 厘米以上），特别在北高灌蓝莓的栽培中，有机覆盖物必须加厚。覆盖物中不要添加堆肥（图 3-15）。

在北高灌蓝莓栽培中，土壤中有机物含量不能少于 2%，最好能达到 4%~8%，不足的部分可通过添加泥炭苔土和覆盖有机物来加以弥补。兔眼蓝莓在有机物含量为 1%~2% 的土地上也能生长。

（2）土壤 pH 为 4.3~5.3　适合蓝莓的土壤 pH 范围是 4.3~5.3，最佳 pH 在 4.8 左右。

图 3-15　土壤选择决定栽培效果

注意排水，提前 1 年做好准备再进行定植，将厚厚的有机物铺在根系的周围

在选定种植园地之前，一定要进行土壤诊断，对 pH 或无机成分等进行化学检测。

蓝莓的种植园地，新植地比较好，但钙含量高的土地不适用。同样，开垦新植地，当场大量焚烧、连根拔起的或截断的树及树枝等情况下，土壤中矿物质或盐类的含量升高，也不适合蓝莓栽培。由蔬菜种植园改造成的蓝莓园，如果曾施用过石灰来改善土壤的酸性，还要再喷洒硫黄来降低 pH。在定植前半年，有必要喷洒一定的硫黄来进行酸度矫正。

当栽培兔眼蓝莓的土壤 pH 在 5.3 以上、栽培北高灌蓝莓的在 5.0 以上时，喷撒水溶性硫黄（90%）进行酸度矫正比较好。矫正目标是 pH 达到 4.8，要通过土壤诊断来决定硫黄的施用量。

不管怎么说，以碱性土壤为基础的园地，用硫黄来进行矫正是很困难的。应事先向普及中心等咨询这样的酸度矫正是否可行，然后再着手规划，这是很重要的。

（3）确保排水性和通气性　虽然蓝莓在生长期间需要稳定的水分供应，但是对根的生长来说，通气性也同样重要，地下水位最好常年保持在地表下 50 厘米左右。地下水位高的地方，排水措施尤为重要（图 3-16）。实际上，因积水而产生的危害，在水田改造园等地成为经常性的问题。

判断排水不良和地下水的状态，要在定植前挖一个深 40 厘米左右的坑，以调查水滞留的情况。特别是以降雨后坑里的积水能否在半天内渗完来判断排水的好坏。如果半天以上还存有积水，就需要制定彻底的排水对策（参见第 16 页）。

从定植的前 1 年开始改良土壤。同时，深耕土壤 40 厘米，破碎心土，修建明渠或暗渠来排水。这些都是定植前应做好的准备工作。

为了确保通气性，也有采用起高垄的方法来改善根部的通气性。但起垄太高不利于田间作业，一般起高 30 厘米左右的垄比较好，这是大雨之后、地表迅速干燥而不存水的垄高。

图 3-16　排水措施完善的园地
雪化后也不积水

◎ 定植实践

（1）最佳定植时期是休眠期——温暖地区在秋季，寒冷地区在发芽前 蓝莓苗木最适宜的定植时期是休眠期。温暖的地区最适合秋季定植。秋季定植的苗木，第 2 年早春时根部已经开始活动，苗木的生长良好。

但是，在降雪少的寒冷地区，秋季定植的苗木容易遭受冻害，因此春季发芽前是最佳定植时期。如果是 1~2 年生的盆栽苗，发芽后到 6 月左右都可以定植。但是，定植时间越晚，生长越差，因延迟生长而造成的冻害危险也会增加。从苗床上挖出来的苗木，因为根是裸露的，所以要注意防止其干旱并尽快定植。

与东京气候类似的美国北卡罗来纳州，定植的最佳时期是 11 月下旬 ~ 第 2 年 3 月中旬土壤水分充足的时期。但是，在冬季土壤反复冻结、融化的地区，根被抬升浮在地表层，容易因干旱而枯死。有机物含量多（6% 以上）的土壤容易出现这个问题，根系小的苗木也会出现这个问题。

为了防止冬季冻害，定植时要再多埋深 2~3 厘米。

（2）确定定植间距 多年生果树的定植间距很难确定。由于受气候因素、土壤条件、栽培管理等方面的影响，植株的生长发育存在很大的差异，长到成年树需要花几年的时间。通常以获得稳定的、高品质的果实为前提，事先想好成年树的大小，依此来决定定植的间距。蓝莓的情况也是如此。

在蓝莓的经济栽培中，最好是采用每隔1列或2列种植不同品种的混合定植方式（图3-17）。不论是自我亲和性好的北高灌蓝莓、南高灌蓝莓，还是自我亲和性差的兔眼蓝莓，混合定植不同品种，坐果率提高、果实增大、成熟期提前（参见第97

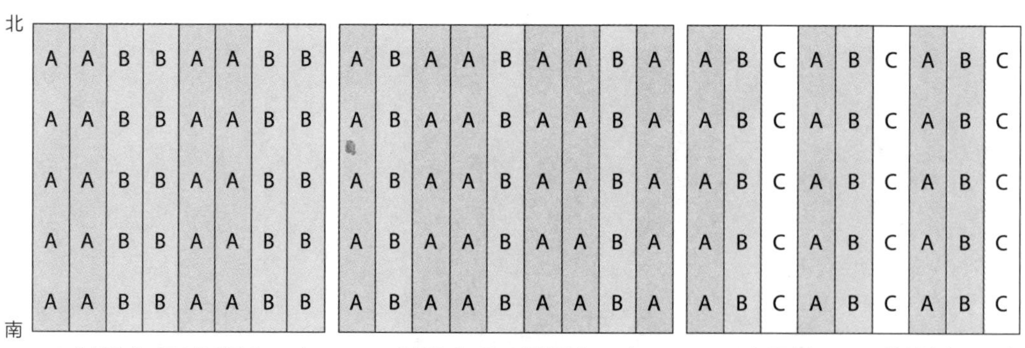

图 3-17 考虑授粉因素在内的蓝莓定植方法（以南北列种植为佳）

页）。特别是南高灌蓝莓品种与兔眼蓝莓品种混合定植，可以提高坐果率，这是已经被证实的。

在美国，北高灌蓝莓是以株距为 1.2 米和行距为 2.7~3 米、南高灌蓝莓是以株距为 1.2~1.5 米和行距为 2 米、兔眼蓝莓是以株距为 1.5~2.4 米和行距为 3.6~4.2 米来定植。在澳大利亚，南高灌蓝莓是以株距为 0.9 米和行距为 3 米来定植（表 3-2）。

表 3-2　美国蓝莓的定植间距与栽种株数

株距 / 米	行距 / 米	每 1000 米 ^{2} 的株数 / 株
1.0	2.5	400
	3.0	333
1.2	2.5	340
	3.0	272
	3.6	226
	4.2	194
1.5	2.5	260
	3.0	217
	3.6	181
	4.2	155
1.8	3.0	181
	3.6	156
	4.2	129
2.0	2.0	250
	2.5	200
	3.0	170

在日本，北高灌蓝莓的种植园大多以株距为 1~1.5 米和行距为 2 米来定植，但经过 20 年以上的栽培，由于过于密集，通气性变差、斑点病发生、管理效率下降的例子屡见不鲜。

北高灌蓝莓的株距为 1.5~2 米、行距为 2.5~3 米（170~260 株 /1000 米 ^{2}）、南高灌蓝莓的株距为 1.5 米、行距为 2~2.5 米（260~340 株 /1000 米 ^{2}）、兔眼蓝莓的株距为 2~2.5 米、行距为 3.5~4 米（125~220 株 /1000 米 ^{2}）的定植密度被认为是最佳定植密度。在此基础上，根据各地的气候条件和土壤条件来考虑定植距离。

另外，在采摘园的经营中，宽大的定植距离更受欢迎。

（3）如果以早期多收为目标，要有计划地密植 蓝莓的栽培，一般在定植当年和第2年将花芽全部摘去，从第3年开始结果。在最初的5~6年，要种植接近最终栽植数量1倍的苗木，以实现早期多收，这被称为计划密植法。在这种情况下，行距一定，缩小株距，定植成倍量的苗木。

另外，在密植的情况下，由于根的竞争而抑制了植株的生长发育，所以当相邻的植株发生接触时，就要提前间伐，以扩大栽植距离。

相比于生长强势的兔眼蓝莓，计划密植法更适合北高灌蓝莓和南高灌蓝莓。

（4）定植穴的直径为40~50厘米，深约40厘米 在确定定植间距后再挖定植穴。定植穴的直径为40~50厘米，深度为40厘米左右。在定植穴中尽可能地加入大量的泥炭苔土，用潮湿的泥炭苔土包住根部，这样做缓苗很快（参见第73页图3-20）。种完后要浇足水，让树苗的根部和土壤结合紧密。

蓝莓是浅根性植物，考虑到定植后要覆盖有机物，因此应避免深栽，但要比盆栽时深2~3厘米。重要的是定植穴里不要施入氮肥。

市面上售卖的苗木，大多是盆栽的2年生苗，从盆钵里取出栽种时，要仔细观察根的状况。

其中有根卷曲缠绕在一起的情形，如果不加处理就直接定植，根部不能横向扩展，常常出现初期生长差的情况（图3-18）。可以用小刀将根钵切去一小部分，或者用手彻底松解根土。

（5）泥炭苔土是必需的材料 每一个定植穴中加入泥炭苔土的量是15~30升，对于土壤条件很差的园地，要尽可能多用。粉碎后的松树皮（树皮）pH低，作为泥炭苔土的辅加材料可以添加20%左右。除此之外，最好不要用木材碎片或锯末来代替泥炭苔土。因为它们在分解的过程中，氮素会被固定。

蓝莓定植后，如果生长情况不好，大多是因为没有使用泥炭苔土（图3-19）。泥炭苔土是蓝莓定植时必需的材料。在泥炭苔土少的情况下，不要与土混合，直接用它把根裹起来定植就好了。

泥炭苔土要在充分吸足水分的状态下使用，这与扦插苗床的准备时一样（参见第57页）。购买的泥炭苔土十分干燥，不易吸水。虽然让泥炭苔土吸水很困难，但在土壤湿润的情况下，在定植穴加少量的土与之混合，再放置几个月，经降雨等吸水后再进行定植就比较容易了。

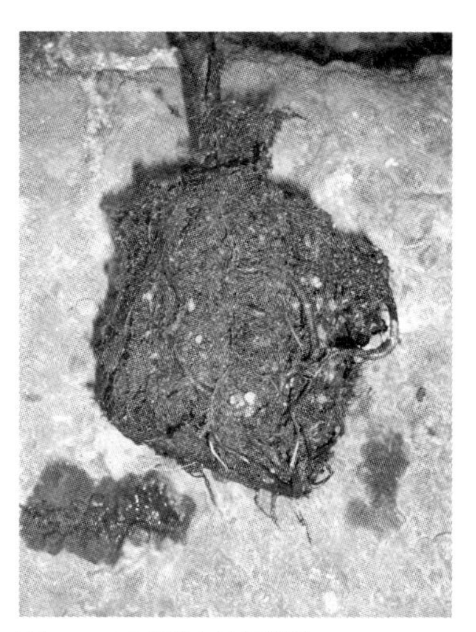

图 3-18　不能横向扩展的根

定植时没有加入泥炭苔土，也没有松解根土的苗木，栽种几年后根的状态

图 3-19　根上看不到细根

在没有添加泥炭苔土的情况下定植，经过数年之后，根上没有细根长出

◎ 定植后的管理作业

（1）在植株的基部铺上厚厚的有机覆盖物　定植后，在植株的基部四周铺上木材碎片、稻糠、树皮等有机覆盖物，厚度为 10~15 厘米，然后浇足水。如用稻糠或稻秸也可以。因覆盖目的是防止蒸腾，保持土壤水分，防止地温上升，所以必须确保有 10~15 厘米的厚度，否则效果不佳。容易引起根部伤害的堆肥和厩肥等不适合掺在覆盖物中。另外，定植后不要立即施肥。施肥最好在定植后根系存活、新梢第 1 次伸长结束时进行。

（2）相比一次性施足基肥，分次施肥更有效，磷肥也更能发挥效力　根据美国密歇根州的研究数据，蓝莓的施肥，比起作为基肥一次性全部施用，分次施用时生长更好。数据显示，分 3 次施用的试验区域产量提高。另外，1 年中 8 月施肥的试验区产量提高。并且，除了氮以外，产量与磷的施用也有关系。

实际上，对于蓝莓来说，磷是仅次于氮的重要肥料要素。如果磷的浓度过高植物会出现生长发育障碍，所以磷最好每年都施用。特别是在由砂和有机物构成的典型的蓝莓优质土壤中，磷溶解流失得更加严重。

另外，对多种形式的氮肥的效果进行调查的结果表明，硝酸铵与磷酸二铵的效果明显。对于蓝莓来说，含有钙、钾、钠的硝酸盐显然是不受欢迎的，硝酸铵也属于这一类。但试验表明，硝酸铵和磷酸二铵中的氮都对蓝莓生长发育有效，特别在 pH 为 5 以下的酸性土壤中，比起使土壤酸性增强的硫酸铵来说，它们更能促进蓝莓生长发育。在美国，有以此为基础的蓝莓专用化肥上市销售。

（3）定植数周后进行第 1 次施肥 在日本，以氨态氮为基础的缓释性固体肥料可以安全地应用于幼树和壮年树。定植数周后，每 1000 米^2 施用氮（有效成分）1.6~2.4 千克，之后间隔 4~6 周每 1000 米^2 施用 0.8~1.0 千克，直到 8 月上旬。

定植后的 2~3 年，按第 1 年的 2 倍量、在发芽和开始生长的时候施肥，之后也以第 1 年的 2 倍量按上述的间隔重复施肥（表 3-3）。

与北高灌蓝莓和南高灌蓝莓相比，兔眼蓝莓对氮的需求量较少。在定植后的 3 年里，施肥量与高灌蓝莓一样即可，但植株生长到高 1.5 米左右时，要减少施肥量。叶片呈微黄、浅绿色的植株产量高；而叶片呈深绿色的植株，因营养生长过于旺盛，花芽的着生情况较差。兔眼蓝莓对氮肥的反应非常迅速，需要加以注意。

表 3-3 蓝莓定植后的施肥量（美国密歇根州的标准）

时间	氮的施用量 /（克 / 株）
定植当年	2~3
第 2 年	3~5
第 3 年	6~7
第 4~5 年	9~13
第 6~7 年	18~20
第 8 年及以后	20

注：定植后的幼树，应使用缓释性固体肥料（氮、磷、钾比例是 10 ： 10 ： 10）。
在北卡罗来纳州，对于壮年树，每珠用“14−28−14”的化肥，在第 1 次生长停止期内（具有比现存标准推迟的特点）施用 13~27 克（氮的含量为 1.8~3.7 克）；之后，以 4 ~ 6 周的间隔，同量、重复施用 2 次。

（4）定植后剪去着生着花芽的新梢顶端 蓝莓苗，即使是盆栽的 2 年生苗，也多在新梢顶部形成大量花芽。如果任其开花、结果，贮藏的养分就会被优先消耗，植株的生长发育就会延迟。

在定植后的 2 年间，最好将花芽全部剪除。另外，为了确保第 2 年春季初期生长所必需的养分，要避免修剪过度（图 3-20）。

但是，移栽 3 年以上的大苗时，从定植后到第 2 年春季发芽前，要将 3 年以上的老枝修剪去 1/2 或 1/3，这样的修剪可以强有力地促进新梢的产生。对从植株基部长出的 1 年生枝，要将其顶端的花芽全部剪掉，这是很重要的。

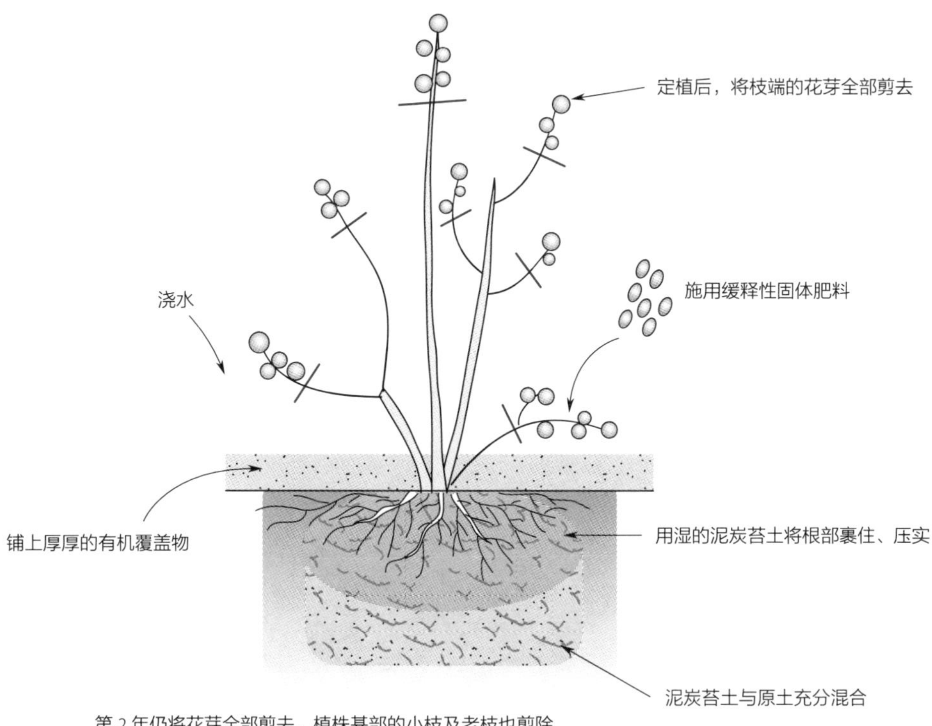

图 3-20　定植 2 年生苗时的管理要点

3 幼树至壮年树的培育要点

◎ 摘除幼树的花芽和花

在蓝莓幼树或壮年树的管理上，不要让幼树过早结果是关键点。树苗定植后的 2 年内，如前所述，将地表附近的弱枝和所有新梢顶端的花芽全部剪掉（图 3-21）。

定植 2~3 年生及以上的大苗，要将老枝剪去总长的 1/2 或 1/3，所留幼枝上的花芽全部剪掉。强剪后的植株会长出很多新梢。如果新梢长得太长，地上部枝条在 6~7 月长达 90 厘米左右时，要进行摘心，这样做可以通过侧枝产生分枝来限制植株的高度，并且在分枝顶端着生花芽（图 3-22）。

图 3-21　蓝莓新梢顶端的花芽

比铅笔稍细的新梢，着生 4~6 个花芽为宜。发芽后摘蕾，要保留顶部花芽，摘除基部花芽

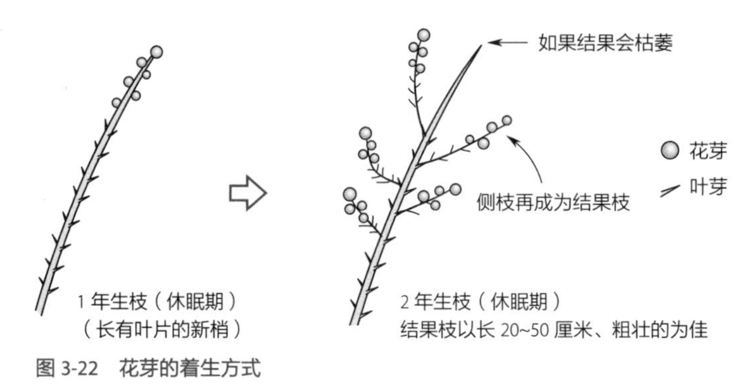

图 3-22　花芽的着生方式

◎ 2 年生苗定植后的第 3 年结果

日本市场上销售的蓝莓苗木，大多是栽植在直径为 10.5 厘米的塑料盆中、长到 20~30 厘米的 2 年生苗（装盆后培育 1 年）。在幼苗的培育过程中，要将所有的花芽剪除；在定植后的 2 年内也同样剪除花芽。如此培育到 1 米左右的植株，最好从第 3 年开始让它结果（图 3-23）。不过，如果植株比较大，也可以在定植的第 2 年使其开始结果。

图 3-23　2 年生苗定植后第 3 年开始结果

左图：定植当年的 6 月（从植株基部长出强壮的新梢，这点非常重要）
右图：定植后第 3 年的 6 月（开始结果）

从植株基部发出来的 1 年生枝，对植株的生长很重要，如果让它结果，枝条容易下垂，所以要剪掉顶端的花芽，特别是对“蓝丰”“哈里森”这样枝条容易下垂的品种更应注意。另外，在有机物含量少的土壤中，生长发育的后半程氮素缺乏，因此应避免过多地着生花芽的情况。

（1）单株产量 2 千克的培育模式　蓝莓花芽的着生因品种不同而有差异。北高灌蓝莓和南高灌蓝莓的花芽着生量大，其中，也有 1 个结果枝上着生有 10 个以上花芽的品种。对这样的品种，每个结果枝只保留 4~6 个花芽，然后剪去顶梢。

保留的结果枝数和花芽数因植株的大小而不同。例如，以收获目标定在 1.8 千克的壮年树为例，如果平均单个果实的重量为 1.5 克，需有 1200 个果实。如果让每个花芽开

6~10 朵花，整个植株需要有 120~200 个花芽，要有 24~40 个结果枝（每个结果枝上平均有 5 个花芽）。

一般来说，在拥有 5 个左右主干枝、每个主干枝上又有 4~6 个一次性筷子粗细的结果枝的植株上，可以收获约 2 千克的果实。

综上所述，要取得约 2 千克 / 株的产量，植株需有长着 4~6 个结果枝的主干枝 5 个左右（结果枝共有 20~30 个），每个结果枝有一次性筷子的粗细且上面的花芽数为 5 个（图 3-24）。成年树要达到 4 千克 / 株的收获量，需要比这个标准多 1 倍的结果枝数量和花芽数。

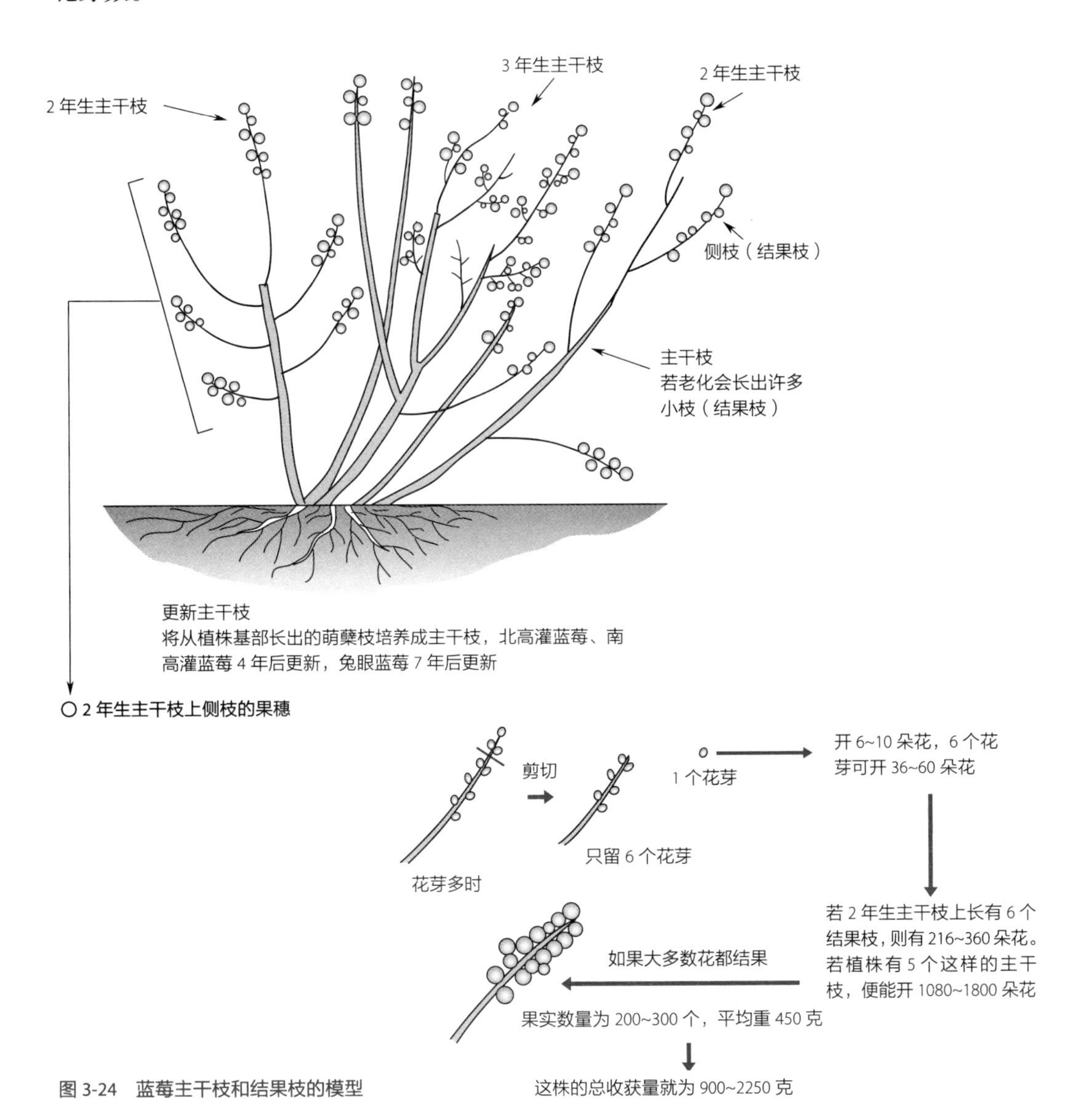

图 3-24　蓝莓主干枝和结果枝的模型

（2）春季修剪保留的花芽数约为目标产量的 2 倍 一般来说，在蓝莓越冬前，考虑到害虫、鹿、兔等野生动物及霜冻的危害等，要保留目标产量 1.5~2 倍的花芽数，在此基础上进行春季修剪。如果仍留有较多的花芽，在开花期前后用手捋去花或幼果，通过疏蕾、疏果进行结果数量的调节。这个工作越早进行越好，留下结果枝的前端，把基部的花蕾和幼果捋掉。其理由是发芽、开花早的顶部花芽优先利用贮藏的养分，得以优先生长（图 3-25）。

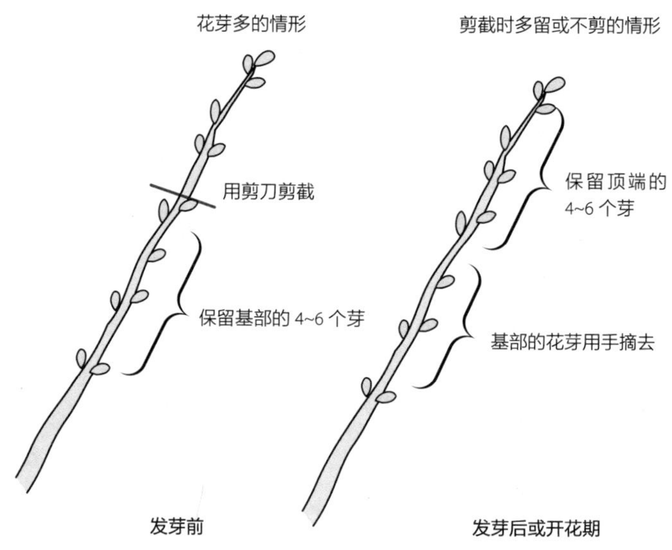

图 3-25 结果枝上花芽的选择及疏蕾、疏果的方法

◎ 注意不要多施肥——氮肥过量会导致生长发育障碍

（1）施肥量是玉米的一半以下 蓝莓是在不含盐分的水和养分少的环境中进化了数千年的植物。因此，它对氮、磷、钾、钙、镁等无机元素的需要量极少，相反，无机元素过剩容易受到的伤害。特别是壮年树，很多时候因速效性肥料的过度施用而导致枯死。

北高灌蓝莓的施肥量是玉米所需的氮、磷、钾量的一半时，生长最优。兔眼蓝莓等的需肥量比北高灌蓝莓还要少，南高灌蓝莓的需肥量与北高灌蓝莓的相近。

氮素的形态以氨态氮为好，硝酸根离子会对根造成伤害。除此之外，还有很多因素会引起生长发育障碍。但是，在有机物含量高于 3% 的适宜土壤中，蓝莓对肥料的感应会被缓解。从有机物中缓慢释放出氮素对蓝莓来说更为理想。

（2）对幼树、壮年树使用缓释性肥料　有报告显示：在蓝莓的栽培中，氮素过多，生长就会变差；土壤干燥，土壤中的氮素浓度升高，也会产生生长发育障碍。

在施肥方法选择上，使用液态肥进行滴灌也很有效。硼、铜、铁、镁、锌等微量元素也可采用叶面喷灌。

另外，由于发芽前施用的肥料开花前几乎不被吸收（密歇根州立大学），在美国，建议将基肥的施肥时期稍微推迟，并采用分次施肥（参见第 72 页表 3-3）。

对于幼树和壮年树，比起用硫酸铵这样的速效性肥料，使用缓释性肥料更安全，不必担心引起生长发育障碍。定植时，使用市面上销售的 60~90 天型缓释性固体肥料，每株施用 20~30 克（含氮 2~3 克），定植后 30 天左右再次施用。

从植株基部到周围 15~30 厘米的范围内呈环状撒施肥料。定植后的 2~3 年，在发芽后每株施用 30~60 克（含氮 3~6 克），撒施范围随着植株的生长而逐渐扩大。

◎ 通过叶色来判断根的活性

如果蓝莓的根的活性下降，就会导致各种元素缺乏症，植株生长出现问题。可以通过叶色来判断根或植株的生长活性。根的活性低下，大多是由于排水不良或湿涝导致的土壤通气性不佳，或由于地温上升、干旱等原因造成的。

（1）造成叶片褪绿或白化的缺铁症　叶片上只有叶脉是绿色的，其他部分绿色褪去，叶片变白，这是由于缺铁而引起的叶绿体缺乏症，因此也称缺铁症（图 3-26）。土壤的 pH 达到 5.5 以上时容易发生，症状最先发生在新梢顶端的嫩叶上。如果症状继续发展，全部叶片都会发生叶绿素缺乏症，也有的表现为叶片变小、叶缘变成褐色。即使是酸性土壤，排水不良也多有发生。所以，如果是壮年树，挖开植株基部，实施排水策略，把泥炭苔土放到根的周围，重新栽种，大多可以恢复。

图 3-26　造成叶片褪绿或白化的缺铁症
从嫩叶开始表现症状。由于土壤酸性不足或土壤湿涝、干旱而造成的根系变弱

（2）叶片变红可能是缺镁症 缺镁症在砂质土壤中容易发生（图 3-27）。叶绿素缺乏发生在叶脉间，呈从黄色到红色。叶脉是绿色的，这是其特征。

缺镁症先出现在从植株基部长出来的、强力伸展的新梢的靠下部的老叶上，新梢尖端的嫩叶几乎不发生。缺镁和缺铁一样，也是由根部障碍引起的，所以防治对策和缺铁症一样。

图 3-27 缺镁症
特征是叶脉呈红色。从新梢基部的老叶开始出现症状

◎ 浇水

由于通气性好的土壤保水性就差，所以如果 1~3 周不下雨，植株的应激反应就会提高。干旱期间，土壤水分急剧不足，肥料浓度升高，导致根系受损。其影响波及果实膨大、产量、花芽形成和造成收获期延迟。

蓝莓在遭遇以夏季为中心持续干旱的情况下，定植后 1~2 年，每株每周需要浇水 25~50 毫米。从幼树至壮年树，每隔 2~3 天浇水 1 次，成年树则每隔 5 天浇水 1 次。水量少的情况下采用滴灌也有效，必要的浇水每周 3 次左右。具体来说，栽种 1~2 年的树苗，每天每株最好浇水 2~3 升，3~6 年的壮年树 4~5 升，7~8 年及以上的成年树 9 升。如果水量能保证，用喷灌比较好。

浇水量因植株的大小、土壤条件、有无覆盖物、气候条件等而不同。北高灌蓝莓的成年树，每株的蒸发量夏季为 6.4 毫米 / 天，每周为 45 毫米。兔眼蓝莓的蒸发量更大，因此，需要比蒸发量更大的浇水量。

◎ 覆盖有机物

定植后的树苗，根系周围要覆盖有机物，以保持土壤水分和防止地温上升。这种有机物覆盖物每隔几年补充 1 次，维持在 10~15 厘米及以上的厚度。

4 大苗移栽与高位嫁接

◎ 通过大苗移栽实现品种更新

蓝莓是可以进行大苗移栽的，通过这种方法可以实现早期多收。虽然 4~5 年生及以上的大苗价格高、很难弄到，但是通过早期多收，可以回收初期投资。

另外，近年来，为了保证初期产量，采用密植计划的果园增加，定植树苗的株数达到正常数量的 2 倍以上，4~5 年后会进行间伐。这种情况下，将间伐出来的植株作为大苗移栽，既扩大了园区规模，又获得了早期产量。

（1）适合移栽的大株　根系浅的蓝莓，对 4~5 年生及以上的大株进行移栽是可行的。但是对于植株高大、萌蘖枝多发的兔眼蓝莓，大株移栽很困难。

也有对 20 年左右的北高灌蓝莓大株，用挖掘机进行移栽，然后继续栽培的例子。

（2）移栽时期和移栽实践——根用泥炭苔土包裹　大苗移栽时，对盆栽苗和地栽苗在处理方法上多少有所不同。大株移栽的时期只能是休眠期。特别是移栽地面上生长着的大株，寒冷地区在春季发芽前，温暖地区在落叶后的晚秋或早春的发芽前，这是最佳的移栽时期。

挖掘大株时，要让细根上附有大量泥土。挖出后，要把泥土抖掉或用水冲洗掉，露出细根。如果带着原土种植，新根的生长和伸长就会变差，有很多由此导致植株衰弱的例子。

种植穴挖得要比根系的宽度稍宽一些，在底部铺上与原土混合后的泥炭苔土，把植株放入穴内。露出的细根上用大量的浸湿的泥炭苔土压实。让泥炭苔土包裹住整个根部，这是移栽的要点。在这种情况下，需要 50 升以上的泥炭苔土。

要避免深栽，覆土后浇足水。以植株为中心，用有机物覆盖，覆盖厚度在 10 厘米以上，这也是很重要的措施（图 3-28）。

（3）移栽后的管理——修剪与施肥　若移栽 4~5 年生的植株，要将老的主干枝从地上部 30~50 厘米高度处剪截。至少要剪截地上 50% 以上的枝条，以促进新梢的产生。

强剪后的主干枝会长出大量的新梢。新梢生长力强，快速伸长。当这些新梢在 6 月左右伸长到离地 1 米左右时摘心。从摘心部位周围长出多个侧枝，花芽着生在侧枝的顶端（图 3-29）。

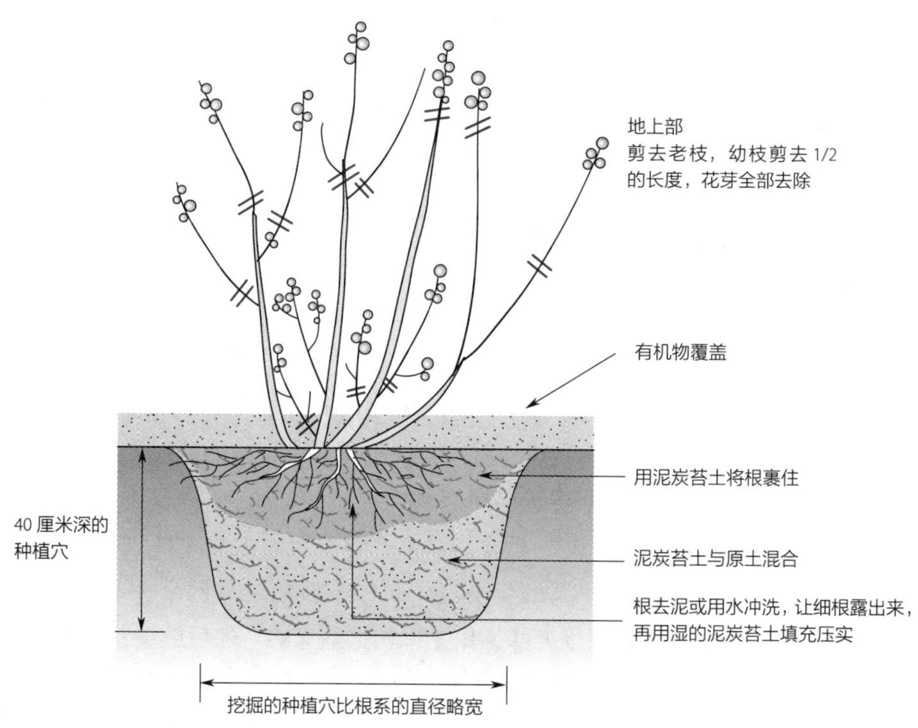

图 3-28　大株移栽的要点

夏季在离地 1 米左右处摘心，长出侧枝

图 3-29　对移栽的大株，在离地 30~50 厘米处剪截，会长出很多强壮的新梢

移栽后的第 2 年不需要修剪，可正常结果。如果使其结果，应该限制花芽数量，防止果实过多。特别要注意的是从植株基部长出的、生长力强的 1 年生枝的尖端不要下垂。

定植后经过数年，旧的主干枝和结果枝变得明显，修剪以剪枝为主。修剪的主要是弱枝、老枝、结果少的枝条。

北高灌蓝莓的 4 年生及以下的主干枝的生产力很高，所以每年都要剪去 1~2 个 4 年生以上的主干枝，一边培养新的主干枝作为替换，一边维持树势。

兔眼蓝莓的主干枝可以维持 7 年左右的生产力。例如，由 7 个主干枝组成的兔眼蓝莓植株，可以每年剪去 1 个旧的主干枝，培育 1 年生枝作为新的主干枝。

大株移栽后的施肥，与幼树和壮年树一样需要注意。以氨态氮为基础，相比硫酸铵这样的速效性肥料，使用缓释性肥料更安全，不用担心出现生理障碍。

北高灌蓝莓按树龄计算的施肥量（氮素成分）为：定植后第 1~2 年施肥量为 3~5 克 / 株，第 3 年为 6~7 克 / 株，第 4~5 年为 9~13 克 / 株，6~7 年为 18~20 克 / 株，成年树为 20 克 / 株左右。

移栽的大株的施肥量也按株龄来判断，比定植时给植株施用的基准量要稍少一些，分 2~3 次施用比较好。如果移栽的是 8 年生以上的成年树，则用市售的 60~90 天类型的固体缓释性肥料，每株 150~200 克（含氮 15~20 克），在定植后 30 天和 6 周分次施用。在植株基部根系扩展的范围环状撒施肥料。

◎ 嫁接栽培与品种更新

（1）扦插是常用的繁殖方法 在一般果树上很难进行的扦插繁殖，在蓝莓上很容易实现。从母株上剪取用于扦插的枝条，使其生根，培育成树苗。果树上常用的培养砧木、接穗这样的操作与管理，在蓝莓的繁殖上是没有必要的。

扦插法培育的树苗，直接继承了母株的性质。母株具有的对病虫害的抗性和长势、对环境的适应性、果实品质等都原封不动地表现出来，因此，最好是根据其性状进行适地适种。

（2）通过高位嫁接实现早期结果 培育的蓝莓新品种，通常比已有品种具有更多的优点。新品种引进时，要么是自己培育树苗，要么是购买树苗，要实现经济生产需要 3~4 年。这种情况下，可以在已有树上进行高位嫁接，使其转变成新的品种或想要的品种。这样嫁接后的第 2 年就可以有收获了（表 3-4、图 3-30），原有的树起到了砧木的作用。蓝莓不仅扦插容易，而且同一种内、不同种间的嫁接也很容易。

表 3-4　以乡铃为砧木嫁接赫伯特与赫伯特自根树单株收获量的比较

分类	1974 年（嫁接后的第 2 年）				1975 年（嫁接后的第 3 年）			
	收获量 / 克	果实数 / 个	单果重 / 克	糖度	收获量 / 克	果实数 / 个	单果重 / 克	糖度
以乡铃为砧木	1556	563	2.76	9.1	4879	1992	2.40	10.4
赫伯特自根树	2814	1359	2.07	9.6	2800	1250	2.24	10.1

注：1973 年将 8 年生的“乡铃”一次性更新为“赫伯特”，自根的“赫伯特”是 1969 年定植的，大约相当于 8 年生（调查时）。

（3）适合作为砧木的兔眼蓝莓　北高灌蓝莓在日本各地的扩大栽培中，因在不适宜地区栽培而导致失败的报告有很多。而在这种不适合北高灌蓝莓栽培的地区，兔眼蓝莓却能很好地生长、存活下来。结果，出现了以兔眼蓝莓为砧木、嫁接北高灌蓝莓进行栽培的例子。

兔眼蓝莓具有从砂质土到黏质土的广泛的土壤适应性，耐旱性也优良。因此，在将水田改造成果园的地方，以兔眼蓝莓作砧木嫁接北高灌蓝莓的例子也不少。这可以说是针对高灌蓝莓强势扩种意义上的、广义上的嫁接栽培。相反，如果以北高灌蓝莓的品种为砧木，嫁接兔眼蓝莓，就会削弱兔眼蓝莓的树势，目的是要达到所谓的矮化栽培的效果。

另外，兔眼蓝莓与矮灌蓝莓嫁接的亲和性也很高（图 3-31）。以兔眼蓝莓为砧木，嫁接矮灌蓝莓的栽培也是可能的。

图 3-31　兔眼蓝莓上嫁接矮灌蓝莓的亲和性也很高
在“乡铃”上嫁接矮灌蓝莓“芝妮”。箭头所指的部分为嫁接的部位

图 3-30　北高灌蓝莓通过高位嫁接更新品种的实例
原株上大约有 10 处进行了嫁接，这是嫁接以后的状态。重要的是把作为砧木的枝上的芽全部去除掉。对过半的 1 年生枝进行剪截，以防止枝端下垂。第 2 年正式开花结果

同种间的嫁接栽培，以强势的或生长良好的品种为砧木，将长势差但有培育希望的品种嫁接于其上进行栽培（如后面所述的“斯巴坦”的嫁接栽培例子）。

（4）以日本的野生种作为砧木　作为新的尝试，以日本的野生种作为砧木的蓝莓栽培也在进行中。

在九州岛地区北高灌蓝莓生长较差的土壤上，以乌饭树为砧木的栽培取得了很好的成绩（图 3-32）。这使在九州岛地区扩大北高灌蓝莓栽培成为可能，具有重要的意义。

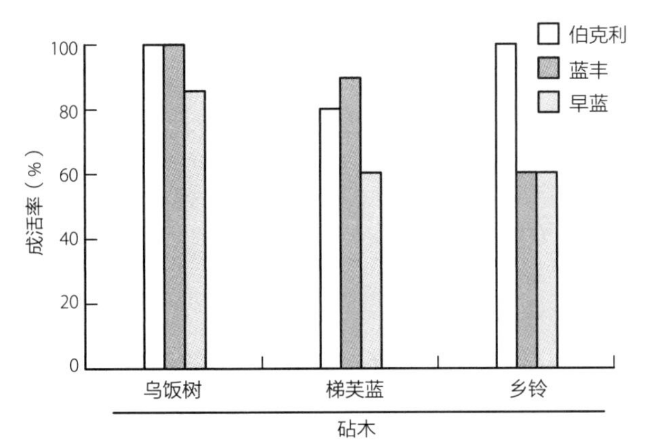

图 3-32　不同砧木嫁接北高灌蓝莓“伯克利”“蓝丰”及“早蓝”品种对成活率的影响（国武等，2004 年）

注：成活率为嫁接 2 个月后的调查结果。

另外，腺齿越橘与兔眼蓝莓的亲和性很高。但是，把兔眼蓝莓作为接穗是很难的。二者进行组合，只能以兔眼蓝莓为砧木来培育腺齿越橘。另外，有调查表明，这种腺齿越橘果实的抗氧化性比栽培品种高得多。

◎ 在兔眼蓝莓上嫁接高灌蓝莓实现品种更新的嫁接实践

（1）产量、果实品质都提高　在兔眼蓝莓成年树上嫁接北高灌蓝莓品种“赫伯特”，实现品种更新的成果见前面的表 3-4。嫁接后第 3 年取得约 5 千克的收获量。与此相比，自根树则略显欠缺，产量仅为 2.8 千克。嫁接树的产量增加得很快，而且嫁接树的果实的单果重也比自根树的大，特别是初次或第 2 次采摘的果实都变大。

但是，也有的品种如“考林”花芽数减少，也有的品种部分果实变软、变色（日灼症状）（如“赫伯特”“伯克利”）。

在用兔眼蓝莓的壮年树作为嫁接树的试验中，如图 3-33 所示，嫁接树比原自根树株高增加，产量也提高（表 3-5）。果实的品质、糖度同自根树相比几乎没有变化，酸度有降低的倾向（表 3-6）。

图 3-33 相比自根树（“维口”，左图），以兔眼蓝莓“梯芙蓝”（右图）作为砧木进行嫁接，更新后株高、产量都会提高

表 3-5 以兔眼蓝莓作为砧木的高灌蓝莓的单株产量　　（单位：克）

品种	以乌达德为砧木			以乡铃为砧木			以梯芙蓝为砧木		
	1980 年（4年）	1981 年（5年）	1982 年（6年）	1980 年（4年）	1981 年（5年）	1982 年（6年）	1980 年（4年）	1981 年（5年）	1982 年（6年）
维口	1748	2040	2344	3834	4832	4775	2668	4230	3243
迪克西	1408	1642	1516	3021	5480	4268	2615	3703	2686
赫伯特	1569	1660	1536	3687	4911	6120	2203	2662	3128

注：栽植密度为 2 米 ×1.2 米。以“乡铃”为砧木的，1982 年通过间伐果树，栽植密度变为 2 米 ×2.4 米。
括号内为嫁接后的年数。

表 3-6 以兔眼蓝莓作为砧木，嫁接高灌蓝莓的果树与自根树的果实的糖度、酸度及 pH 比较

品种	以乌达德为砧木			以乡铃为砧木			以梯芙蓝为砧木			自根树		
	糖度	酸度	pH	糖度	酸度	pH	糖度	酸度	pH	糖度	酸度	pH
维口	11.30	8.80	3.32	10.30	11.35	3.1	10.20	9.48	3.1	11.39	11.43	3.2
迪克西	12.08	16.72	3.30	12.79	16.59	2.9	12.48	18.00	2.9	12.29	19.60	2.9
赫伯特	12.36	15.32	3.03	12.12	18.48	2.9	12.48	17.86	2.9	11.63	18.50	2.9

注：调查年份为 1982 年。糖度为用折光计（糖度计）测得的数值；酸度用中和 10 毫升果汁所用的 0.1 摩尔 / 升氢氧化钠的量的数值表示。
以“乡铃”为砧木的是嫁接后 7 年的果树，以“乌达德”及“梯芙蓝”为砧木的是嫁接后 6 年的果树，自根树是 7 年生果树。

（2）嫁接时期与采集接穗　砧木越年轻，成活率越高、越稳定。另外，砧木和接穗的粗细越接近，接口处愈伤组织的愈合越好；若砧木太粗，接口处愈合要花好几年的时间。

嫁接时期至砧木发芽后的 4 月上、中旬为止。越晚，成活越不稳定。

在休眠期中采集接穗，在 5℃左右不干燥的情况下用塑料袋包好贮藏备用。

（3）嫁接方法和嫁接位置　嫁接有切接、劈接、枝接、芽接等方法。嫁接位置以距离地面 5~20 厘米处比较好。

芽接于 8 月下旬 ~9 月中旬，在当年生枝或 1 年生嫩枝上进行。如果不好剥皮，也可以采用嵌芽接。

（4）嫁接后的管理　嫁接后，如果接穗上的芽长出了新梢，就把从砧木上长出来的新梢摘除或把顶端摘心，适当地重复这个操作。7~8 月用支杆固定枝条，防止刮风下雨使枝条从接口处折断。要注意害虫会从嫁接部位侵入，对枝干害虫（桃蛀野螟等）的幼虫要进行捕杀。嫁接第 2 年，用胶带将嫁接处重新缠好。

◎ 北高灌蓝莓的一次性更新——难以培育的“斯巴坦”的嫁接栽培

最近，以美国为中心掀起了培育新品种的热潮，特别是对北高灌蓝莓的大果品种的关注度越来越高。日本人有喜好大果的倾向，所谓的七大巨头，即以“早蓝”“考林”“蓝光”“蓝丰”“伯克利”“赫伯特”“康维尔”为代表的北高灌蓝莓品种，因比其他品种果实大、果皮薄、味道好而引人注目。蓝莓中，“斯巴坦”和“钱德勒”的果实最大。“斯巴坦”的果实有 100 日元硬币大小（直径约为 2.26 厘米），“钱德勒”的果实有 500 日元硬币大小（直径约为 2.65 厘米），并以这样的广告语进行苗木销售。

“斯巴坦”耐寒性强，果实又大又硬，具有味道和贮藏性皆佳的性质，是备受欢迎的早熟品种。但是，由于土壤适应范围狭，与北高灌蓝莓的主要品种“蓝光”和“蓝丰”相比，很难培育。

长野县上伊那郡饭岛町的大岛和志先生，对这种北高灌蓝莓“斯巴坦”进行高位嫁接并取得了可喜的成果。在 1976 年定植的“伯克利”和“蓝光”上，每株嫁接了大约 10 个“斯巴坦”枝条，经过 13 年还持续生长着且生长良好。一般来说，蓝莓的接穗品种每年都容易衰弱，但大岛先生通过休眠期的强剪和反复地对基部附近产生的新梢进行摘心，每年每株平均产量达 4 千克以上。

其他品种之间的嫁接亲和性不明显，但在寒冷地区以北高灌蓝莓为砧木嫁接北高灌蓝莓的新品种进行品种更新是可行的（图 3-34）。与兔眼蓝莓相比，北高灌蓝莓的根蘖枝发生较少，有利于嫁接后接穗品种的树势维持。

嫁接管理的基本要点是：

①嫁接尽可能地靠近植株基部来进行。

②对从植株基部发出的嫩枝，即嫁接砧木上的新梢要强剪，以促进作为接穗品种的嫩枝的产生。

③为了防止枝端着生大量结果枝而导致枝条下垂，在休眠期要进行强剪。

图 3-34　北高灌蓝莓的嫁接更新

第 4 章 稳定地收获大果

——培育优良的成年树

1 发芽期到新梢停止生长期的管理作业

◎ 对强势生长的萌蘖枝进行摘心，促进分枝和花芽的着生

（1）春枝（一次伸长枝）、夏枝（二次伸长枝）、秋枝（三次伸长枝） 蓝莓的新梢由 1 年生枝上的叶芽形成。很多品种的叶芽比花芽萌发晚，新梢在叶片展开后生长，在开花后的 4 月下旬 ~5 月上旬开始伸长，5 月下旬 ~6 月中下旬（日本关东地区）停止生长。这个时期生长的新梢称为一次伸长枝或春枝。

这个时期生长的新梢，长度从几厘米到 25~30 厘米及以上。春枝伸长停止时，顶端的生长点变黑枯死（黑尖）、脱落（与柿树的性质相同）。在生长发育停止数周后，花芽产生分化。

此时的春枝再次伸长后再停止称为夏枝或二次伸长枝（图 4-1）。再次伸长的三次伸长枝称为秋枝。无论哪种枝条，几乎都能着生花芽，都能成为结果枝。这些结果枝相当于其他果树的短果枝至长果枝。

蓝莓的花芽，在短日照条件下，从停止生长的新梢顶端开始分化。日本多数地区（如关东地区）的花芽分化期是 7 月上旬 ~ 9 月中旬；在生长期较长的南部地区，9 月中旬以后也有可能发生花芽分化。

图 4-1　第 2 次发芽、伸长
春季发芽后又进行几次发芽、伸长

（2）发育枝上也有花芽着生 在植株的基部或者折断的老枝断口附近有隐芽存在，随时都能长出来，可长至 0.4~1 米及以上。这种生长力强的枝条也可以由前年枝条的叶芽产生，被称为萌蘖枝。萌蘖枝在其他果树是发育枝，或者是徒长枝，但在蓝莓上这种生长力强的枝条也容易长出花芽。长度在 0.4~1 米及以上的长枝条上有 10~17 个花芽，

长度在 5 厘米左右的短小枝上也有 1~2 个花芽。顺便一提，所谓好的结果枝，是指长度在 15~30 厘米、着生有 3~5 个花芽的枝条。

这样的结果枝，在蓝莓树冠内到处都有。另一方面，能保持有 5~7 个 0.4~1 米及以上的萌蘖枝来维持树势是最理想的。

（3）为确保结果枝状态，对萌蘖枝要进行摘心　由于品种不同，有的枝条稀疏，有的在壮年树时期形不成好的结果枝。在这种情况下，在新梢的伸长期，最好将该植株长得很好的新梢、萌蘖枝等的前端稍微掐一下（摘心），让该枝条靠下部的几个腋芽长出新梢，新梢上再着生花芽。这样整个植株的枝条数量、结果枝数量也会增加。

摘心之后到长出新梢需要几周的时间，再到长成好的结果枝还需要几周的时间，所以摘心工作最好在 7 月中旬（关东地区）结束。

◎ 补充足够的有机覆盖物

蓝莓的根被称为纤维根，极细，而且是浅根性的。因此，容易受到地温和干旱的影响。为了减少地温和土壤水分的变化，以促进根的生长活动，在土壤表面覆盖有机物并定期浇水是很重要的管理措施。

（1）有机覆盖物对根的稳定生长不可或缺　蓝莓根的伸长与地温密切相关。初春，地温上升，从 6℃上升到 16℃，根部的生长活动也随之活跃起来。有机覆盖物能调节地温，抑制土壤水分的蒸发；而在寒冷地区则相反，能抑制初春地温的上升，让初期生长延缓推迟。

其后，在夏季地温超过 20℃时，根的生长就会减慢，这个时期，有机覆盖物可以抑制地温的上升，确保植株有一定的生长发育。在秋季，随着地温的下降，根的生长变得旺盛。

这些有机覆盖物，还可以通过材料的分解来改善土壤的物理特性，起到养分供给源的作用，而且防除杂草的效果也非常明显。

（2）有机覆盖物保持 15 厘米的厚度　有机覆盖物以木材碎片和锯末最为适宜。木材碎片因其分解慢、覆盖效果持续时间长而在提高地温和保持水分方面的效果更好一些。

最好使用堆积放置了 1 年的各种有机物。例如，食用菌的生产废料（废菌床）是很容易得到的材料，但若未经腐熟而直接施用，因其处于干燥状态，很难吸水。最好是使其分解到一定程度后再施用，大约堆积 5~6 个月及以上。此外，稻糠、秸秆、麦秆类也是容易得到的有机覆盖材料。

有机覆盖物的覆盖厚度要达到 10 厘米以上，并对每年的损耗部分及时补充。1 年的损耗部分大约是 2.5 厘米。如果覆盖厚度达不到 10 厘米以上，覆盖效果就不能充分地发挥。在秋季稻程等有机材料大量产出的时候，要尽可能地收集足量以保证需要。

◎ 浇水量及浇水间隔期

根系较浅的蓝莓，如果土壤水分不足，树的生理活动就会受到抑制，导致生长不良。当然，果实品质和产量也会受到很大的影响。浇水管理是最重要的工作，无论是采用喷灌、滴灌、软管浇水，还是其他任何方法都可以，但都需要充分地浇足浇透。

（1）浇水量的标准 美国的一项调查结果显示，蓝莓园的蒸发量[㊀]是每天 3.5~4.25 毫米，盛夏期为 6.4 毫米。按这个数值推算，生长季节中的蒸发量平均为每月 100~195 毫米、每周 24.5~44.8 毫米，这是决定浇水量的基础。

这个量是日本大部分地区的降水量所能满足的量。不过，在 4~5 月、7~8 月降水量不足的地区，或各年度降水频率和降水量有差异的地区，以及有效土层浅、保水力弱的地区等，都需要灌溉。

耐旱性因蓝莓品系不同而不同，北高灌蓝莓比兔眼蓝莓弱，南高灌蓝莓介于两者之间，或与北高灌蓝莓差不多。但不管怎样，4 月的发芽至开花期和 7~8 月的果实膨大、花芽分化期是最需要水分的。若这个时期土壤干旱，对果实产量、质量，甚至对第 2 年的花芽也会产生影响，所以要求保证有充足的浇水量。

（2）每隔 7 天给植株基部浇透水 在降雨少的土壤干旱期，要留意新梢尖端是否萎蔫，或用手攥握土壤来判断土壤的干燥程度，再进行浇水。攥握土壤后放开，若土壤马上松散开来，就说明需要浇水了。

为了简便准确地了解土壤水分，可以使用张力计来得出 pF 值（土壤水分张力）。将张力计的感应部插入距地表 20 厘米的根系部位，读取数值。将 pF 值约等于 2.5 作为浇水的基准点。

浇水量的标准如前文所述，如果采用软管一株一株地浇水，每株壮年树要浇 28 升，成年树要浇 56 升左右，将水充分地浇在树冠下，每隔 7 天浇 1 次。

㊀ 地表的蒸发量和通过植物体从叶面蒸发的量。

◎ 卷叶虫类、毛虫类害虫的观察与防治

在蓝莓栽培的整个过程中，经常在果园内巡视、观察是非常重要的。特别是在初春花芽和叶芽开始萌动的时期，卷叶虫类和毛虫类相继孵化，这些害虫的幼虫危害很大。一边巡视果园，一边观察花蕾、花、嫩叶等有无食害痕迹和虫粪，一旦发现幼虫立即捕杀。如果能在初发阶段及时发现，不仅能减少损失，还能实现无农药栽培。

在东京周边（南关东地区），除上述害虫外，还发现了尺蠖类、旋古毒蛾类、木冬夜蛾类害虫。低龄幼虫咬伤花蕾或花柄，导致落蕾。特别是这个时期虫子还小，体色也和周围环境的颜色相似，因此很难被发现。而且随着幼虫虫龄的增长，危害部位转移到叶片上。卷叶虫类害虫在幼果的表面也会留下咬痕。随后在 1 株上集中发生，1 年下来，也会导致意想不到的减产。

在新梢的伸长趋于平稳之后，在树冠下有时会看到像红小豆粒那样的虫粪，这是成熟的秋千毛虫的粪便。它会咬食叶片。特别是在初春低温的年份，常造成大暴发。一旦发现就立即捕杀。

另外，还有在东京不常见，但在静冈和茨城发现的木蠹蛾的危害，在九州岛发生的食心虫类的危害，都造成了很大的损失。

必须注意的病害和害虫见表 4-1、表 4-2。

表 4-1　已确认的危害蓝莓的病害

病害通称（按症状表现命名）	病害名称	被害蓝莓上表现出的症状	防治对策
花腐病	灰霉病	被感染的花变成褐色，花像被霜打过一样粘在一起，上边覆盖一层灰色菌丝。小枝由褐色→黑色→变成灰色而枯死。果实表面形成分生孢子块，果实腐烂。在低温多湿的年份多发	手工去除，喷洒木醋液。通过修剪改善树冠内部的通风条件
果实软腐病	果腐病	发生于成熟前的果实，在果实的萼片部位产生暗绿色的霉菌，多湿条件会促进霉菌的生长发育	手工清除、喷洒木醋液
	僵果病	随着果实成熟，受感染的果实从感染部位开始腐烂，呈橙黄色，之后干瘪	
蓝莓斑点病	蓝莓斑点病	春季，从植株基部长出的根蘖枝的嫩叶上出现轮纹状的斑点，进一步发展导致落叶。夏季温度上升时减弱，9 月秋雨时节再次发生并增多。主要发生在寒冷地区	

（续）

病害通称（按症状表现命名）	病害名称	被害蓝莓上表现出的症状	防治对策
白粉病	白粉病	叶片表面因菌丝体及孢子而变白，褪绿、变浅的病斑边缘呈红色	通过修剪改善树冠内部的通风透气条件
枝折	溃疡病	主要发生在1~2年生枝上。一般症状是新梢下垂、萎蔫，夏季高温时，枝条枯萎死亡	发现病枝立即剪除
枝枯	枝枯病	叶片变黄或变红，受感染而萎蔫、枯死的枝条的木质部呈褐色	手工清除，喷洒木醋液。将枯萎的小枝及枝条剪除、烧掉
根腐病	根腐疫病	初夏时节，叶片出现黄化、赤褐色，叶缘呈灼烧等症状。细根坏死，导致树势恶化，新梢生长不良。经数年后植株枯死	选择适宜的土壤并进行适当的土壤管理
	根癌病	树枝近地面部或根部形成癌肿，直径为5~7.5厘米，树势变弱	维持土壤酸性
病毒症	红环光斑病毒病、花叶病毒病、蓝莓鞋带病毒病	在日本虽然没有报告病例，但也有类似的症状。主要是通过蚜虫、叶蝉、线虫等传染。所以防治这些害虫是必要的。对有嫌疑的植株要拔除、焚烧	手工拔除，焚烧

注：根据“日本蓝莓协会第10次总会·特别总会·研讨会（2003年）”的“问卷调查结果”部分改编。

表4-2　已确认的危害蓝莓的害虫

虫害类别	害虫名称	被害蓝莓上表现出的症状	防治对策
卷叶虫类	苹果卷叶蛾	幼虫在春季至夏季出现，啃食花蕾、花、叶。有啜叶习性	捕杀
夜蛾类	夜蛾	初期啜叶。长大后食量增加，会造成意想不到的危害	捕杀
毛虫类	旋古毒蛾、美国白蛾、秋千毛虫（桑树舞毒蛾的幼虫）	旋古毒蛾的幼虫也吃花芽、花蕾。可在美国白蛾的幼虫吐丝结网的时候捕杀。秋千毛虫通过落在树下的圆形虫粪来判断幼虫的存在位置	早期发现捕杀
尺蠖类	薄翅冬尺蠖、大造桥虫	钻食开始膨胀的花芽、花苞，出现不规则的洞，有时危害全株	仔细寻找，发现后捕杀
金龟子类	铜绿丽金龟、日本丽金龟	成虫5～9月出现，危害叶片多在盛夏至初秋，壮年树受害严重。根据地域的不同，3龄幼虫因食害根部，初夏时节会导致突然落叶，有的嫩枝褪色，叶子变红直至枯死	捕杀成虫或将幼虫挖出后捕杀

（续）

虫害类别	害虫名称	被害蓝莓上表现出的症状	防治对策
蓑蛾类	大蓑蛾、茶蓑蛾	随着孵化，幼虫在 7 月中旬左右爬出护囊。乘着微风飞到远处，附着在叶片上啃食叶片（一边做护囊，一边长大）	发现护囊，依次捕杀。喷洒食醋、木醋液
刺蛾类	黄刺蛾、青刺蛾	幼龄幼虫从叶子背面啃食叶肉，留下表皮。特别是在采摘过程中如果碰到幼虫，会受到强烈地毒害（采摘园里一只也不能有）	早期发现立即捕杀。修剪时捕杀虫茧
介壳虫类	水木坚蚧、角蜡蚧、日本臀纹粉蚧	很多种类的介壳虫都会产生危害。其中尤以红褐色的水木坚蚧危害最多。对于介壳虫类，在孵化后的幼虫时期（介壳形成之前）防治有效	捕杀，削除病部
椿象类	黑须稻绿蝽、茶翅蝽、小珀蝽	因吸食果实汁液而产生穿孔损害，今后要注意	刺杀
果实吸蛾类		成熟的果实因被大量吸食汁液而受到伤害	捕杀。将木醋液洒在植株基部
果蝇类	斑翅果蝇	成熟果实受害最大。危害熟透了的果实和落果。具有产卵管的斑翅果蝇造成的危害比较多。另外，虽然不明确是否有二次危害，但已确认的是有多种果蝇能造成危害。多发生在收获期多雨、通风和通气性差的果园内。除草彻底的果园中很少发生	清扫脱落的果实
蝙蝠蛾类	蝙蝠蛾	成虫在 9~10 月出现，将卵产在地上。第 2 年春孵化，先吃草生长，再钻入树干基部。如果被寄生，植株很少枯死	彻底清除植株周围的杂草。如果发现幼虫虫粪，从覆盖锯末的间隙刺杀幼虫。捕杀成虫
天牛类	星天牛	成虫在 5~6 月开始出现，并啃食新梢。孵化幼虫 3 龄时钻入树干，啃食木质部并排出大量虫粪，导致被害植株树势减弱	捕杀成虫，从堆有虫粪的树孔处刺杀幼虫
木蠹蛾类	木蠹蛾	幼虫钻食枝干，使势树减弱。掰开受害部位，从中钻出背部呈赤褐色的幼虫。成虫在 7 ~ 8 月出现。孵化幼虫会钻入木质部啃食。其作为森林害虫危害具有地域性（茨城、静冈）	
食心虫类	玫斑钻夜蛾	初夏时节，新芽枯萎死亡，危害一直持续到 7 月左右。成虫从 4 月下旬出现，在新芽上零星产卵，幼虫侵袭新芽。在九州岛地区（宫崎）是主要害虫	

注：根据“日本蓝莓协会第 10 次总会 · 特别总会 · 研讨会（2003 年）”的“问卷调查结果”部分改编。

2 开花结果期的管理作业

◎ 产量取决于授粉状况——蓝莓的结果特性

蓝莓的产量构成要素包括单株结果枝数、坐果数和单果重。在取得一定数量的结果枝的基础上，如何提高坐果率，能收获多大的果实是重要的。

（1）虽然是虫媒花，但受精能力很强 蓝莓的花是吊钟状的，花冠的先端变窄（图 4-2）。花柱很长，柱头伸展到花冠外面。花药藏在花冠内部，花粉呈黏性块状。因为这样的构造，蓝莓的同花授粉和风媒授粉是很困难的。在自然条件下通过访花昆虫进行授粉，即所谓的虫媒花。

即使是在开花 4 天后，80% 的北高灌蓝莓的花也有受精能力，5 天后 60% 以上的花也有受精能力。用兔眼蓝莓进行试验，直至开花 6 天后也能获得有经济价值的果实。

花粉落到柱头上后花粉管伸长，大约 3 天后受精。开放的花，如果授粉条件好，100% 都能结果。

（2）异花授粉坐果率提高 北高灌蓝莓的自我亲和性高。即使是自花授粉，坐果率也很高。但是从表 4-3 看，异花授粉的坐果率更高，果实也更大，成熟期提前。

再者，表 4-3 中自花授粉的坐果率提高，可以认为是通过人工授粉，使花粉充分地附着在柱头上而产生的影响。由此可见，访花昆虫在自然条件下的作用很大。但如何使

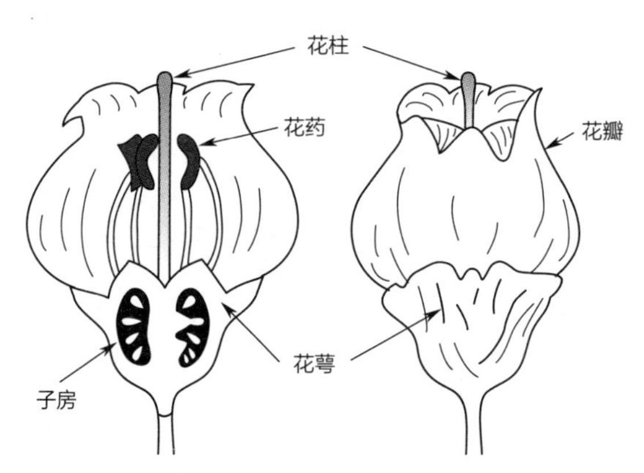

图 4-2 蓝莓的花的构造（艾克等，1966 年）

其发挥作用，还需要管理的技巧。

表 4-3　不同授粉方式带来的坐果率、收获始期及单果重（1992 年）

品种①	自然授粉			异花授粉②			自花授粉②		
	坐果率（%）	收获始期（月/日）	单果重/克	坐果率（%）	收获始期（月/日）	单果重/克	坐果率（%）	收获始期（月/日）	单果重/克
维口	81.3	6/15	1.5	90.0	6/10	2.3	100.0	6/9	2.1
早蓝	43.4	6/15	1.4	97.1	6/9	2.5	91.0	6/10	2.1
考林	31.4	6/25	1.7	100.0	6/15	3.0	94.5	6/17	2.2
斯巴坦	80.7	6/17	1.6	97.1	6/12	3.0	87.8	6/17	2.2

①　用 12 号花盆栽种的植株。
②　异花授粉、自花授粉都是通过人工授粉完成的。

专栏

果实的生长、膨大和种子数——结果后种子的作用

通过传粉，运达柱头的花粉开始萌发，长出花粉管，花粉管延伸到达胚珠，经受精后胚珠发育成为种子。但是并不是所有的胚珠都能受精，也会产生因没有受精而发育不良的胚珠。如本文所列举的兔眼蓝莓，胚珠死亡的原因一半是没有受精。受精后的胚珠，从果实发育阶段（第 104 页的图 4-8）的第 Ⅰ 期到第 Ⅱ 期的过渡中，或者是在第 Ⅱ 期的初期也会出现发育不良。

图 4-3　果实中大约有 60 个种子。种子数量对果实的膨大产生影响

种子的发育与果实的发育密切相关。种子是养分及光合作用产物的贮藏地（接收器）和植物激素的来源（供给源）等，担负着重要的生理作用。种子数量多可以提高对果实发育产生影响的激素的代谢活性，促进果实膨大（图 4-3）。

实际上，大的果实比小的果实含有更多的种子。对兔眼蓝莓的 21 个品种进行调查的结果也表明：果实的重量与含有的种子数和大个种子数有关。即使是北高灌蓝莓的不同品种存在差异，但果实的重量与种子数呈正相关，这也已被确认。

而且，种子的数量因异花授粉而有所增加。例如，有数据显示，南高灌蓝莓在开花时和授粉后，调查 110 个胚珠，在自花授粉试验区减少了约 40%，而在异花授粉试验区内仅减少了 24%~29%。异花授粉不容易出现胚珠发育不良，也就是说结出的种子变多。另外，异花授粉区的胚珠与自花授粉区的相比，还表现出快速膨大的特点。

在授粉后的 2~3 个月，果实呈双 S 形曲线发育、成熟，即分为 3 个时期：果实的细胞数急剧

增加的第Ⅰ期，胚胎和胚乳发育的第Ⅱ期，细胞生长而果实急剧膨大、着色、成熟的第Ⅲ期。

从开花到果实成熟，早熟品种为开花后75天左右、晚熟品种为90天左右（兔眼蓝莓）。品种间的早晚与第Ⅱ期的长短有关。一般来说，同一品种成熟早的果实大，成熟晚的果实小（图4-4）。从与果实生长周期的关系来看，早期成熟的果实第Ⅱ期短，晚成熟的果实第Ⅱ期长。

另外，北高灌蓝莓和南高灌蓝莓，从开花到果实成熟需要45~75天，虽有早熟和晚熟的差异，但果实的生长周期与兔眼蓝莓相同。

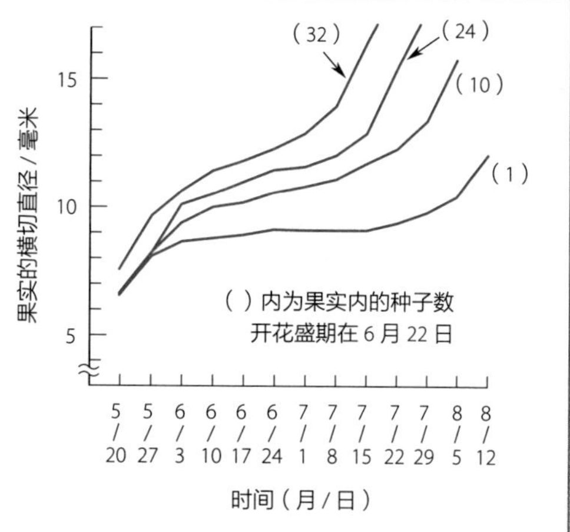

图4-4　兔眼蓝莓“乌达德”果实横切直径增加的曲线图（岩垣等，1971年）

（3）兔眼蓝莓的自我亲和性弱　兔眼蓝莓的自我亲和性很弱。若将兔眼蓝莓的3个品种“乌达德”“乡铃”“梯芙蓝”用寒冷纱或网覆盖，阻碍其他品种的花粉授粉，坐果率变成1%~2%（乌达德）、15%~18%（乡铃、梯芙蓝）。与此相对，用其他品种的花粉来充分进行人工授粉时，坐果率为60%~90%。

兔眼蓝莓在开花5周后有严重的落果现象发生（图4-5），这是兔眼蓝莓的特征，原因是胚珠生长发育不良或死亡，其中一半是因为胚珠没有受精引起的。

蓝莓的花粉稔性接近100%，在人工培养基上培育的花粉，发芽率为83%~93%。但是，自花授粉的花粉虽然能伸达花柱基部，但对于自我不亲和性的品种来说仍会引起发育不全。这被认为是导致不受精及生理落果的原因。因此，特别是兔眼蓝莓，从提高坐果率的角度出发，也有必要进行充分的异花授粉。

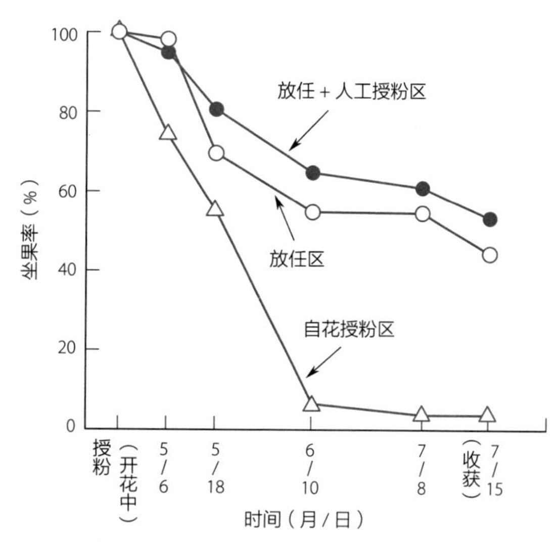

图4-5　“乌达德”坐果率的变化（岩垣等，1972年）

（4）其他品种也要配备异花授粉品种 矮灌蓝莓与兔眼蓝莓一样，自我亲和性很弱。在美国缅因州果园中进行调查的结果显示，坐果率为 4%~52%，平均为 17%。与兔眼蓝莓一样，同样是需要和其他品种混合种植的品系。

南高灌蓝莓与前面提到的北高灌蓝莓相似，具有自我亲和性。但在异花授粉区生长速度快且果实也大，这一点即使花粉亲和性不同也不会改变。因此，相比于自花授粉，还是异花授粉为好。

◎ 对授粉有效的混合栽植

对于蓝莓来说，确保坐果率在 80% 以上是经济栽培的条件。而且就像我们之前看到的那样，保证蓝莓坐果的稳定性，异花授粉是必不可少的。因此，在蓝莓园中采取混合栽植是必要的，至少要种 2~3 个品种。在这种情况下，考虑到收获等作业的便利，应以列为单位进行混植。就是说按列定植其他品种（考虑到虫媒昆虫的利用，零散种植比较好，但这样管理效率低）。

另外，混植的品种必须是种间花期重叠的品种。但是，对于兔眼蓝莓和南高灌蓝莓的混植，也有果实重量减少或成熟天数增加的研究报告。

◎ 巧妙地利用蜜蜂

如前所述，蓝莓的花通过自花传粉和风媒传粉是非常困难，在自然条件下基本上只能依靠传粉昆虫授粉。具有高浓度花蜜和花粉的蓝莓花对野生的蜂类、蜂蝇、甲虫类等很有吸引力，还有更多种类的传粉昆虫。但是在环境条件和天气不佳的情况下，是不能期待它们飞来传粉的，所以可以将饲养管理的意蜂、日本蜜蜂和大黄蜂放到果园内起到传粉作用（图 4-6）。

图 4-6 授粉对确保蓝莓坐果率和生产大果很重要
没有大黄蜂等野生蜂传播花粉时，可以利用养殖的蜜蜂

（1）初春低温合适日本蜜蜂传粉 意蜂在温度为12.8℃以下、风速为24.14千米/小时以上或下雨天等条件下就不活动了。

但是，日本蜜蜂却在上述温度条件以下（11℃以下）也能正常活动。并且还比意蜂容易分蜂（分巢）、容易饲养，因此很适合早春低温条件下开花的蓝莓的情况。

（2）放养的诀窍——多功能防护网的使用 在美国，当25%的花处于盛开期时，每英亩（4046.86米^2）放置2~4群（每群约5万只）蜜蜂就可以了。但是在日本，因为果园面积很小，所以每1000~2000米^{2}设置1群，或者放置1个小型蜂箱（数个组成1群）就足够了。如果果园附近有别的花开放，放养效果就会减弱，所以要注意油菜花等。

有报告显示，为了确保效果，美国采用架网包围以增收。在日本，通过安装多功能防护网来提高放养效果也是可行的。对日本蜜蜂，采用4毫米网孔合适；对意蜂，采用6毫米网孔合适，这样蜜蜂就不会逃逸。

另外，作为外来物种的大黄蜂可能会扰乱生态系统，所以在有网覆盖下进行野外放养时，一定不要让它逃逸。大黄蜂的饲养放飞效果如表4-4所示（兔眼蓝莓园）。与自然放任区相比，坐果率提高。

表4-4 放飞饲养的大黄蜂起到的高授粉率效果（兔眼蓝莓）

栽培品种	试验处理区名称	收获率（%）
乌达德	大黄蜂放飞区	79.1
	异花授粉区	64.3
	自然授粉区	24.3
	自然放任区	42.1
	过密区	52.3
	昆虫阻断区	1.4
梯芙蓝	大黄蜂放飞区	89.9
	异花授粉区	62.7
	自然授粉区	73.5
	自然放任区	43.7
	过密区	31.3
	昆虫阻断区	—①

① 昆虫阻断区内，因收获量显著减少而忽略不计。

（3）蜜蜂经常光顾的蓝莓品种　据观察，蓝莓可分为蜜蜂常来光顾的品种和不爱光顾的品种。

北高灌蓝莓的“鲁贝尔”和“瑞恩科斯”有很多蜜蜂光顾，而“早蓝”和“康维尔”就少。兔眼蓝莓中的“梯芙蓝”引来的蜜蜂多，而“乌达德”就少，并且吸蜜时间短（若前者吸 5 秒，后者只吸 2 秒左右）。一般认为，这与花蜜的质量与花的构造有关（开花口部的宽窄）。因此，“早蓝”“康维尔”“乌达德”因生长年份不同坐果率会下降。

◎ 以人工授粉作为辅助手段

受樱桃授粉棒的启发，有人制作出了蓝莓授粉棒，并进行了授粉试验。在花期的每个晴天，不分品种，用授粉棒随机触碰几次凸出的柱头，结果获得了比自然授粉区更高的坐果率。人工授粉在采摘园等需要确保坐果率或在天气不好的时候应用。

将花粉收集到一起，蘸在羽毛棒上，触碰开花不久的花也有效果。将开花前或刚开不久的花用剪刀从花冠顶端剪开，打开花口，在 27℃左右的温度下静置 24~36 小时。开药之后，让开口朝下，按揉花冠上部，收集掉落下来的花粉。向花粉中添加石松子粉（增量剂），增量 20~30 倍后使用。

3 果实膨大、成熟期的管理作业

◎ 疏花、疏果促进果实膨大

很多果树通过疏果来限制坐果的数量，并保证收获的果实大小齐整。但是在蓝莓栽培上不进行这样的果实管理。这是因为，蓝莓是通过修剪来调整每株的结果枝数量和每个结果枝的花芽数量的。但是，如果修剪时老枝保留过多、坐果数过多，小果就会增多。因此，不同程度地疏果是必要的，且时间越早效果越好，相比于疏果，疏花更有效。

关于疏花、疏果的程度，有报告称：像南高灌蓝莓的“艾文蓝”“薄雾”等，如果将没长叶的结果枝和长着叶的结果枝中，长度在 10 厘米以下的枝条上的花、花序全部除去，果实就会变大，成熟期也比较统一。可以将其作为一个参考指标。

◎ 对长势强的新梢进行摘心，以确保第 2 年的花芽数量

在美国南部的各州，南高灌蓝莓果实收获之后，将植株整齐地修剪至 1.2~1.5 米的高度（Post-harvest Pruning，收获后修剪），让其之后长出的新梢、即所谓的夏枝成为第 2 年的结果枝，作为收获果实的对象。这在兔眼蓝莓上也能进行（Summer Hedging，夏季修剪）。之所以能够进行这样的管理，是因为蓝莓从夏季到秋季都会进行花芽分化。

在日本，北高灌蓝莓在7月上旬~9月上旬花芽分化，兔眼蓝莓是在8月上旬~9月中旬（千叶县东金市）（玉田，1998年）花芽分化，南高灌蓝莓据推测是在7月上中旬~9月中旬花芽分化。

另外，花芽分化与日照时间和温度有关。在长日照和高温的夏季，花芽不分化；在短日照和低温条件下，花芽开始分化。如果进行光合作用的叶片健全，花芽分化时间可持续到晚秋。在美国南部的佛罗里达州，花芽分化可持续到 11 月初。这样，生长发育期长的日本南部地区与北部地区相比，花芽数明显多很多（参见第 6 页）。

在日本，对长势强的壮年树、老树，或分枝性较弱的品种，为增加结果枝以确保产量，对长势旺盛的新梢进行夏季修剪和摘心。经过这样的操作，从修剪部位以下 3~5 节上的腋芽长成新梢，新梢上着生花芽，成为好的结果枝。

在希望增加结果枝的位置附近进行摘心和修剪。时间是 7 月上中旬（日本关东地区）。如果处理过的枝条处在背阴的地方，花芽着生数也会变少，所以确保其处于阳光照射到的位置。

◎ 利用有机覆盖物高位诱导根系生长

在水田改造果园等黏土含量多的园地容易排水不良。这样的果园需要修建明渠或暗渠，起高垄也是不错的选择。通过起 15~30 厘米的高垄，使土壤透水性、排水性、通气性得到改善。这些措施再加上充分地覆盖有机物，可以诱导根系生长，扩大其分布范围，并促使根系生长稳定。

虽然对排水不良果园的改善不是一下子就能做到的，但有机物覆盖物的施用，只要有材料、有时间，随时都可以做。

◎ 保持土壤水分充足——如果不能充分浇水，也要保证有机覆盖物充足

果实膨大至成熟期的干旱，会抑制果实膨大，严重时不仅导致果实萎缩，还可能对

第 2 年的开花结果产生负面影响。

长野市热心致力于北高灌蓝莓栽培的古河勉先生，在夏季干旱时每天浇水 1~2 小时取得了好的效果。特别是壮年树不耐干旱，在定植第 1 年，即使不能每天浇水，也要每隔 3~4 天充分浇水 1 次。

蓝莓依兔眼蓝莓大于南高灌蓝莓大于北高灌蓝莓的顺序，根系深度依次变浅，扩展范围变窄，相应地耐旱性也依次减弱。浇水管理需要按相反的顺序来加以注意。

表 4-5 所示的试验是在雨量较少的地带观察兔眼蓝莓的浇水效果。浇水区的植株生长茂盛，少有表现出缺乏叶绿素的症状，长得也高，产量增加了很多。从这个结果可以看出兔眼蓝莓的生长过程中土壤水分必须充足。

表 4-5　覆盖有机物、浇水、定植穴里施用泥炭苔土对兔眼蓝莓“梯芙蓝”生长发育产生的影响

（Spiers，1983 年）

试验处理	树势①（1979—1982 年）	褪绿②（叶片症状）（1979 年）	缺绿症（1980—1982 年）	树高 / 厘米（1982年）	果实产量 /（克 / 株）（1982 年）
浇水	4.0a③	2.6a	4.1a	135a	2000a
无浇水	2.7b	2.7a	2.1b	71b	360b
有覆盖物、有泥炭苔土（定植穴内）	4.3a	2.3④	4.2a	135a	1890a
有覆盖物、无泥炭苔土	4.2ab	2.4	4.3a	120ab	1870a
无覆盖物、有泥炭苔土（定植穴内）	3.2b	3.1	3.0b	114b	770b
无覆盖物、无泥炭苔土	1.5c	2.6	1.5c	42c	220c

① 根据肉眼观察来评价：0 为枯死，1 为树势最弱，5 为树势最强。
② 根据肉眼观察来评价：0 为枯死，1 为最绿，5 为最浅的绿色。
③ 不同的英文字母之间有 5% 的显著差异。
④ 由于亚组相互没有显著差异，所以将有覆盖物和无覆盖物进行比较时，被认定相互间有 5% 的显著差异（覆盖物覆盖 6 个月后）。

在蓝莓的栽培中，不管采用多么简易的方式，都最好备有干旱时可以随时浇水的设备。如果因为水源等问题无法做到这一点，就要进行充分的有机物覆盖，提高土壤的保水能力。成年树果园中，每年的木材碎片覆盖物厚度保持在 10~20 厘米，通常春季至夏季干旱时不需要浇水。即使不浇水，只要多覆盖有机物就可以坚持下去。

◎ 除草剂的使用方法、注意要点

这个时期杂草生长十分茂盛。浅根性的蓝莓园中如果杂草繁茂，就会争夺蓝莓的养分，造成很大的影响，也会成为病害和害虫的繁殖场所。防除杂草一般是采用有机物覆

盖，并以除草剂作为补充。

在杂草丛生的果园，观察所有杂草的生长规律：1~3月是杂草的休眠期，5月夏生杂草开始生长。8~9月再次进入休眠期，10月以后越年杂草发生（佐合，1998年）。

在这样的果园内，在春季和秋季相对低温条件下，使用杀草持续效果好的百草枯（中国已禁用，译者注）、敌草快比较好。在春草开花、夏草结种后刚落入土中的6月前后，以双丙氨膦+草甘膦的组合，按一定的比例混合，作为土壤处理剂来进行喷洒。8~9月或1~4月是埋入土中的杂草种子的休眠期，所以在此之前喷洒草甘膦（佐合，1998年）比较好。图4-7是除草剂在旱田中使用的示例。

在任何情况下，喷洒时都要尽量避开蓝莓的根区，注意不要将除草剂喷洒在茎叶上，要在喷嘴顶端安装保护装置。

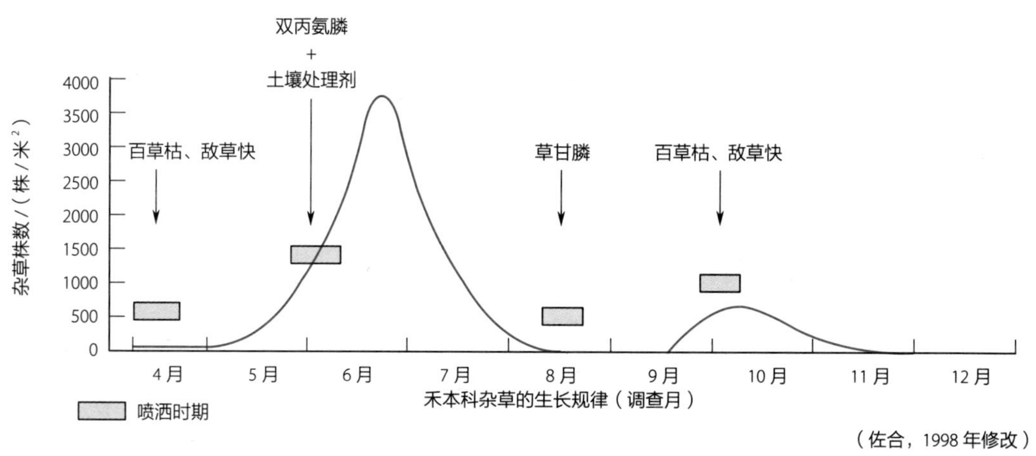

（佐合，1998年修改）

图4-7　合理喷洒除草剂

◎ 预防雹灾、潮灾、虫害

在日本，每年都会有遭受冰雹灾害或风暴潮灾的地区。另外，也有受到椿象类、吸蛾类、果蝇类、鸟类等危害的情况出现。这成为蓝莓大幅减产的主要原因。在这样的地方，兼具防鸟、防风、防雹、防虫等多功能的防护网非常有效。

如果以防鸟、防风、防雹、防虫为目的，网眼的大小为4~9毫米；以防椿象为目的，使用2.5毫米的；防果蝇时，使用0.98毫米的。不想用药剂防治，就只有使用防护网了。另外，为了保证蜜蜂的授粉效果，也更应该考虑使用防护网。在对环保型农业的日益关注的情况下，这理应成为今后采用的重要技术。

另外，用来防果蝇的网眼大小为 0.98 毫米的网稍微有些重，架网工作很辛苦。不过网内的环境温度并没有上升太多，似乎也不会觉得闷热。

专栏

除草剂的 4 种类型

除草剂主要有土壤处理剂、茎叶兼土壤处理剂、接触型茎叶处理剂、转移吸收型茎叶处理剂 4 种类型。

土壤处理剂是对土壤表面进行处理，抑制杂草发芽，通过根的吸收使杂草枯萎死亡的一类除草剂。在砂质土壤上和幼苗上使用要注意。抑草期为 2 个月。

接触型茎叶处理剂只对杂草的茎叶上覆盖药液的部分和地上部分起作用，若连续使用，宿根草有成为优势杂草的倾向。

转移吸收型处理剂被草的茎叶吸收，输送到植物体的各个部位，使其枯萎死亡。只要植物体的一部分吸收了药剂，就会在体内垂直传导运输，因而发挥出很好的除草效果。仔细分辨果园中生长的杂草种类，从以上的各类除草剂中选择可以用于蓝莓（浆果类）且对园中杂草有效的除草剂，按说明书上的使用量和使用次数，在规定的标准范围内使用。

4 收获期的管理作业

◎ 果实迅速膨大、成熟

蓝莓的果实，无论是哪个品种都呈双 S 形曲线生长，分为 3 个发育阶段（图 4-8）。

第Ⅰ期是果实激剧膨大的时期，第Ⅱ期是生长停滞的时期。之后，迎来了再次生长旺盛的第Ⅲ期，随着这个时期的推进，果实重量激剧增大，果实也达到最大。“早蓝”等品种 3 天内体积能增加 30%。

在第Ⅲ期，果皮颜色最初是红色的，随后整个变成深蓝紫色而成熟。这种变化取决于花青素的种类和含量。另外，伴随着一点一点地着色，糖度、酸度等果实品质也会发生很大的变化。全糖含量越接近成熟期越高。

蓝莓的糖分中，果糖和葡萄糖占 90% 以上。酸包括柠檬酸、苹果酸、琥珀酸和奎尼酸。在北高灌蓝莓中，柠檬酸含量为 75%，琥珀酸含量为 17%；而在兔眼蓝莓中，琥

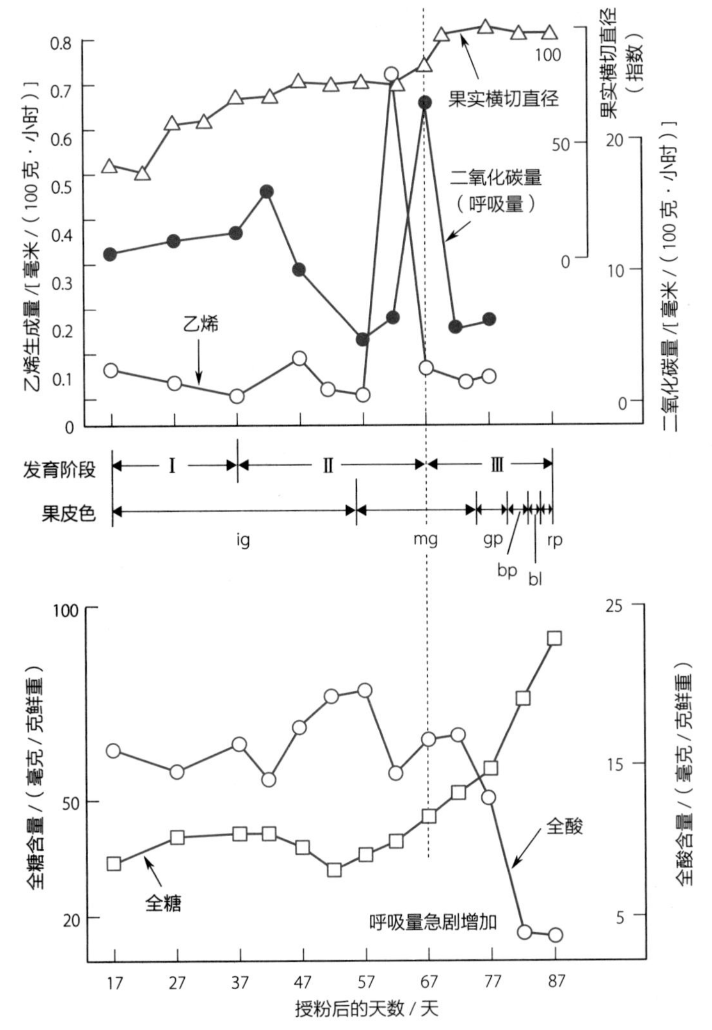

图4-8　蓝莓"乌达德"的发育阶段——在呼吸量急剧上升的阶段果实趋于完全成熟（志村等，1986年）

果皮颜色 ig 指果实表面为深绿色，mg 指果实表面为浅绿色、果萼部分为粉红色，gp 指果实表面 60% 为绿色、40% 为粉红色，bp 指果实表面 60% 为蓝色、40% 为粉红色，bl 指果实表面 90% 蓝色，rp 指果实表面为深蓝色

珀酸含量最多，可达 55%，苹果酸含量为 33.5%，柠檬酸含量为 10.4%。

◎ 果实在树上成熟，没有后熟作用

蓝莓的成熟果实（完全成熟果实）个头大，酸甜适中，花青素的含量也很高。未成熟的果实果皮上会残留红色，而且个头小，不好吃。

这样的未成熟果实在收获后也会变成和成熟果实一样的完全的蓝色（深蓝紫色）。当然，与充分着色的成熟果实相比，其糖含量、大小、味道都明显逊色不少。也就是说，树上的蓝莓果实会像图 4-8 中所示的那样，有快速生长（乙烯生成量急剧上升）阶段。在即将成熟之前，乙烯的排出和果实的呼吸量同时上升，果实的全糖含量增加，全酸含量逐渐减少。随之果实急剧膨大，果色变深，果实成熟。蓝莓的这个过程是在树上进行的，不像猕猴桃或西洋梨那样在收获后进行。

过早收获，虽然果色可以逐渐变深，但果实品质却越来越差，这就是蓝莓。所以切忌未熟收获（图 4-9）。

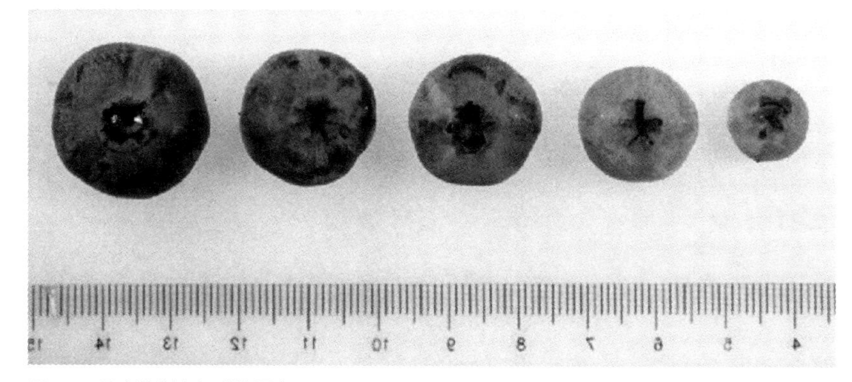

图 4-9　果实的膨大与成熟果实

果实变成蓝色，再经 5~7 天果实最大。用于上市销售的蓝莓，最佳收获期是在变成蓝色的 2~3 天之后

◎ 果实成熟是否适度？要尝尝才知道

果实的成熟与果皮的着色密切相关。因此，从着色程度来判断最佳收获期几乎没有问题。果实着色是判断最佳收获期的一个指标，另一个指标是果实的附着强度。

也就是说，果实随着果色的加深更容易从小果柄上脱离。成熟的果实只要轻轻一碰，就会立刻掉下来。因此，以颜色的深浅程度和这种脱离的感觉为标准，用手一粒一粒地将成熟的果实轻取下来。

收获时期是连同果梗根部的整个果皮都变成蓝色后的 4~7 天。1 株的收获时期也差不多是这个天数，但兔眼蓝莓要想让甜度恰到好处，需要 7~10 天。一旦变成蓝色，人们就容易误采摘，但早采摘的果实含糖量低、酸度高、风味差（表 4-6），一定会收到消费者不好的评价，所以需要注意。

从这个意义上来说，采摘者自己一边品尝一边采摘比较好。通过味道来确认成熟果实的颜色，其甜和酸的程度，其膨大的样子，用指尖触碰时的硬度，是否容易采摘等，进而判断果实成熟是否达到适期。

表 4-6 早摘的果实酸度高、风味差——主要成分随成熟而发生的变化

项目	极早熟品种		中熟品种			
	维口		蓝丰		伯克利	
	未成熟	成熟适度	未成熟	成熟适度	未成熟	成熟适度
平均单果重 / 克	1.22	1.83	2.29	2.62	2.41	2.67
全糖（%）	6.95	9.84	8.13	10.26	8.43	10.16
全酸（%）	1.31	0.95	0.95	0.83	0.88	0.75
糖酸比	5.31	10.36	8.56	12.36	9.58	13.55
游离氨基酸 /（毫克 / 100 克）	70.14	85.12	—	22.34	26.55	32.10

◎ 收获的窍门

（1）分 4~5 次收获 蓝莓的产量为每 1000 米 ^{2} 平均 1000 千克左右（北高灌蓝莓约为 800 千克，兔眼蓝莓约为 1200 千克）。单株产量上，北高灌蓝莓为 3~4 千克，南高灌蓝莓和半高灌蓝莓为 2~3 千克，兔眼蓝莓为 7~10 千克（按每 1000 米 ^{2} 栽植 120~250 株的密度来计算）。就蓝莓果实采摘来说，不能一次性摘完。

蓝莓的收获，以图 4-10 所示的果序为例，分 5 次左右来收获。1 株的采摘次数也要分 4~5 次，需要花 3~4 周。

顺便提一下，每个成年人 1 天的采摘量是 18~20 千克，因果实的成熟程度、大小及采摘者的经验而略有不同，但即使在收获盛期，采摘量也只有 30 千克左右（也有 80~100 千克的记录）。

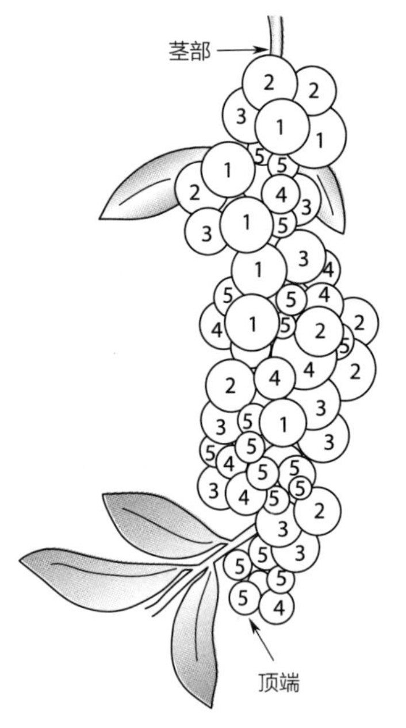

图 4-10 果实的着生方式和 1~5 次的采摘顺序（串间原图）

（2）避开中午采摘，摘下来的果实要放在阴凉处 蓝莓果皮柔软，容易受伤。另外，由于是在高温多湿的梅雨时节开始收获，所以采摘时更需要注意。

高温条件能加速果实的受损和软化，所以采摘要避开中午高温时段，在上午进行。另外，在田地里开辟一

个阴凉的区域，用来放置收获的果实，以迅速降低果实内部的温度。在盛夏的阳光下暴晒 40~50 分钟，蓝莓就会发生灼伤、变色、软化现象。

在雨中采摘，果梗留痕处容易发霉，易腐烂。把收获的果实铺在通风良好的地方，用除湿器、电风扇等除去湿气，或擦拭去除水分（图 4-11），迅速晾干是必要的。

图 4-11　一粒一粒地仔细拭干水分后发货（山梨县长坂町）

◎ 防治果蝇——除草和清除落果是关键

（1）斑翅果蝇的危害　给蓝莓成熟果实造成穿孔危害的主要是果蝇类、椿象类、鸟类和吸蛾类。但最多的是果蝇类。掰开果实上的孔洞，若看到里面有很多虫卵，就可以判断是斑翅果蝇危害了。

斑翅果蝇从卵至幼虫、至蛹、羽化至产卵分别需要 6 天、5 天、11 天（25℃的条件下）。差不多 22 天就会变成成虫，且一旦发生危害就会迅速扩大。受害的果实除了果汁浸出、软化、腐烂外，还会看到有幼虫从果实中爬出来而不得不丢弃。危害有时达到收获果实的 50%（图 4-12）。

但是，到了盛夏，由于高温的影响，斑翅果蝇的发育受到抑制，危害也急剧减小（30℃时羽化率下降，32℃看不到羽化的成虫）。

另外，在长野县的受害果实中，除了斑翅果蝇之外，还发现了多种果蝇。是否造成二次危害还不清楚。

（2）除草与架网、套袋防治　因为斑翅果蝇在化蛹之前都在果实内，所以很难用农药进行防治。另外，已注册的农药也只有氯菊酯（截至 2005 年 12 月）一种。现实情况是只能用耕作方面的农业防治措施来应对。

1）清除植株基部的杂草，保持园内通风，定期清除残留果、受伤果、掉落果、腐烂果等，保持园内清洁。果蝇产卵多在伤残果实上，所以要特别注意果保持园内卫生整洁。

2）覆盖防虫网，阻止害虫飞进果园。栃木县的齐藤伟先生通过覆盖防护网取得了很好的效果。就像前面介绍的那样，用网眼大小为 0.98 毫米的防护网完全可以防止果

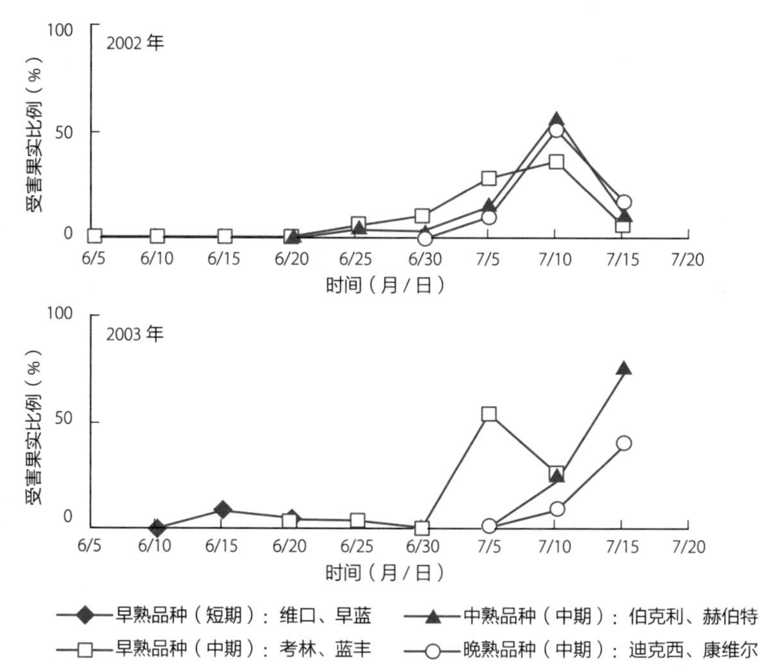

图 4-12　2002 年和 2003 年蓝莓果实受害穿孔情况

蝇的入侵（川濑等，2005 年）。覆盖时期，早熟品种在着色前的 5 月下旬提前架网（以东京近郊为例）。

3）将结果枝上的果穗在着色前用果袋整个套住。给整个果园的所有结果枝套上果袋是非常困难的，但是选择一定的场所试着做也是非常有趣的（图 4-13）。

再者，一边一个一个地取下袋子，一边采摘蓝莓，这是很麻烦的事，所以要等里面的果实几乎都成熟后再采摘。幸运的是，也许是因为套袋保持了果穗的湿度，果实的成熟期趋于一致。

图 4-13　尝试用葡萄上使用的果袋套住果穗

◎ 选果和贮藏——发货时果实的处理

生食用蓝莓和加工用蓝莓，其选果方法有若干不同。

（1）生食用蓝莓的选果　用来生食的蓝莓，为了让果实的大小和成熟度趋于一致，应仔细地选果。在一般情况下，把果实收集起来，用不同孔目的筛子进行筛选（图 4-14）。但因为果实容易受伤，再者会堵塞筛孔，所以需要在筛子的材质和使用方法上下功夫。现在还有利用选果机来选果的，通过调整传送带的宽度，将果实的大小进行分类（图 4-15）。

图 4-14　选果用的筛子

孔径为 6~20 毫米，只是用筛子果实容易受伤

图 4-15　在新西兰使用的选果机

今后，为了能够在收获的同时，将果实的大小进行分类，并直接装入发货容器中，也许会在盛果箱等方面下功夫（如第 25 页图 1-31 就是美国的例子）。这不仅省去了分拣的时间，还能减少手接触果实的次数，让果粉多、外观漂亮的水果直接上市。

（2）加工用蓝莓的选果　加工用蓝莓的选果，也是选择优质、大小整齐的果实。虽然不需要像生食果实那样细致地筛选，但是品质管理也很重要。广岛县大崎町的一家企业，就使用加工过程中连一根头发都钻不进去的选果机进行选果。

用 15 千克的纸箱来装加工用果实，可再用 0.05 毫米厚的塑料袋作为内袋，或者在能装 4 千克左右果实的纸箱里装 2 层后再发货。

将来，也有可能开发出通过重量筛选，或带有光传感器的品质选果机。

（3）尽可能地预冷　采摘后，果实品质急速下降，而对品质影响最大的是温度。

据说，果实在高温的果园中放置 1 小时，贮藏期就会缩短 1 天。这也同时适用于蓝莓果实。

例如，在22~29℃的果园中手工采摘北高灌蓝莓“蓝塔”“蓝丰”后，放在2℃的环境中预冷2小时，与没有预冷（10℃）相比较，腐烂的果实少，而且保存时间显著延长（Hudson等，1981年）。另外，采用减压通风冷却法，使采摘2小时后的果实温度降低到2℃，与不做任何处理、放置在室温下的果实相比，未做处理的果实的糖、酸含量都降低，果梗脱离部位发霉概率也有升高的倾向（表4-7）。此外，从果皮干瘪处、果梗脱落处还可以看到有果汁浸出。

表4-7　蓝莓预冷后品质的变化（%）（本居等，1987年）

项目	开始时	2℃预冷→室温保管（20~23℃）	残存率	无预冷→室温保管（20~23℃）	残存率
蔗糖	0.64	0.56	87.5	0.52	81.3
果糖	4.75	4.55	95.8	4.32	9.09
葡萄糖	4.46	4.26	95.5	4.02	9.01
总糖	9.84	9.37	95.2	8.86	90.0
草酸	—	—		—	
柠檬酸	0.476	0.417	87.6	0.353	74.2
苹果酸	—	—		—	
奎尼酸	—	—		—	
富马酸	0.001	0.001	100.0	0.001	100.0
琥珀酸	0.475	0.548	115.4	0.398	83.8
总酸	0.952	0.966	101.5	0.752	79.0
霉菌发生率		0		10.5	

注：品种为“维口”，处理3天后的调查结果。

但是经过预冷处理的就没有这样的变化，果梗脱离处很快干燥，不仅抑制了霉菌的发生，而且糖、酸等品质的变化也很小，能够维持高品质的果实。

蓝莓果实在收获后应尽快预冷，以抑制霉菌的发生和果汁的浸出、腐烂、营养成分的减少等。

（4）0~1℃贮藏　贮藏温度一般在不冻结的低温范围内，以保证果实的品质为目的。

在美国兔眼蓝莓早熟品种的栽培地区，将收获果实的温度迅速地降低到10~15℃，然后在1℃下运输。在美国，保持果实品质的贮藏温度是1℃左右。收获后要尽快预冷，然后在0℃的温度下贮藏5天，果实品质不会下降。

兔眼蓝莓的冷冻贮藏温度为–23~–20℃。

蓝莓在冷冻、解冻的过程中不会发生急剧的氧化，也不会产生组织、肉质、结构的损失。和新鲜果一样可以食用。贮藏 10~12 个月，果色、肉质等变化很小。

◎ 防台风对策

蓝莓遭遇强风，会带来植株倒伏、树枝折损、落叶、落果、擦伤等灾害。在台风经常来袭的地带，要设置防风墙、防风网、栅栏等，最简单的做法是在树的中央立支柱，四周用挡板围起来或捆绑固定，这样就能减轻损失。

特别是没铺垫有机物、扎根不牢固的植株，强风很容易把树刮歪、刮倒。为了保持根系良好，铺垫有机覆盖物是重要的基本管理。

另外，对于一下雨就被淹的果园，要挖好排水沟以迅速排水。如果淹水持续太久，根就会腐烂。淹水不能超过 3 天。

5 休眠期的管理作业

◎ 休眠期的施肥与土壤管理

（1）积极施用酸性肥料 蓝莓是喜酸、好氨性作物。有以下具体特性：

①对酸性土壤中高浓度的铝、铁、锰耐受性强。

②对酸性土壤中缺乏的钙、镁的需求量较少。

③喜好在酸性土壤中稳定的氨态氮。

因此，在施肥的时候也要使用单一的氨态氮或氮的一半以上为氨态氮的氮肥，避免使用单一的硝态氮肥。另外，积极使用生理酸性肥料（硫酸铵、氯化铵、硫酸钾、氯化钾、过磷酸钙等），也可以施用对土壤酸碱性没有倾向的生理中性肥料（尿素、硫酸铵、磷酸铵）等[㊀]。

（2）施肥时期、施肥量及施肥位置 蓝莓的施肥一般分为春肥、夏肥、秋肥。

春肥（基肥）在 3 月上旬施用，以满足直到 6 月果实膨大为止的需肥量。在夏肥

㊀ 即使肥料从化学上看是中性的，还要根据肥料成分被吸收后残留于土壤中的副成分的酸度分为生理酸性肥料、生理碱性肥料。土壤中没有残留副成分的尿素等被称为生理中性肥料。

（追肥）施用上，北高灌蓝莓在 5 月中旬，兔眼蓝莓在 6 月中旬，这是为了更好地形成花芽而施的肥料。秋肥（礼肥）是在 8 月下旬 ~9 月下旬施用，这是为了贮藏植株体内的养分、顺利地诱导第 2 年开花结果而施的肥料。

但是，具体施什么肥及施肥时期，要依据土壤条件和植株的生长状况等变化。表 4-8 是蓝莓栽培先进地区千叶县的施肥标准。标准是：移栽后 1~2 年的幼树至壮年树，氮（有效成分）的施用量为 1.3 千克（1000 米 ^{2}），第 3 年及以后，随着树龄的增加，视果树生长发育的情况，施肥量加倍。磷肥和钾肥可以与氮肥等量施入。

表 4-8　千叶县的蓝莓施肥标准（每 1000 米 ^{2} 施用的有效成分量）

项目	蓝莓品系		氮	磷	钾	对策
基肥（春肥）	高灌蓝莓	3 月中旬	4.5	4.5	4.5	有机配比有机肥料
	兔眼蓝莓		4.5	4.5	4.5	
追肥（夏肥）	高灌蓝莓	5 月中旬	2.2	2.2	2.2	高度化学合成肥料
	兔眼蓝莓	6 月下旬	2.2	2.2	2.2	
追肥（秋肥）	高灌蓝莓	8 月中旬	2.2	2.2	2.2	高度化学合成肥料
	兔眼蓝莓	9 月下旬	2.2	2.2	2.2	
合计			8.9	8.9	8.9	

注：1. 来源于千叶县 1994 年的《主要农作物等施肥标准》第 253 页，千叶县农林部农产科，部分修改。

2. 栽植密度为高灌蓝莓 180 株 /1000 米 ^{2}（株行距为 1.8 米 × 3.0 米），兔眼蓝莓 100 株 /1000 米 ^{2}（株行距为 2.5 米 × 3.0 米）。

3. 目标产量为 800~1000 千克 /1000 米 ^{2}。

4. 土壤 pH，高灌蓝莓在 4.3~4.8，兔眼蓝莓在 4.3~5.3。

5. 整个果园铺上麦秸、木材碎片、稻糠等有机覆盖物，厚度在 10 厘米左右。使用新型覆盖材料时，基肥的施用量增加 30%~50%。

6. 在整个果园内全面施用肥料，轻中耕。

对于施肥位置，幼树在距离植株基部 15~30 厘米的地方施，成年树在树冠的外围圈施，或沿着树列带状条施。

另外，在最近美国密歇根州的研究中，就蓝莓的生长发育与基肥的施肥时期有了新的见解，美国基施的施用时期有推迟的倾向（参见第 71 页）。

（3）微量元素缺乏及其对策　蓝莓常见的有缺镁症和缺铁症。

如果缺乏镁，则叶脉间的部分会由黄色转变成红色，叶脉留下圣诞树状的绿色。这是典型的叶脉间叶绿素缺乏症，主要是在下部叶片上急剧发生。遇到这种情况，可在土壤中施用硫酸镁（约 8 千克 /1000 米 ^{2}）。

另外，缺铁症经常出现在新梢的幼嫩叶子上，症状也是叶脉间失绿白化，青铜色的主脉至侧脉间显得明亮。对于缺铁症，用铁螯合物来处理土壤是有效的（新出现症状的树木，平均每株约施用 43 克，长期缺铁的树木每株 110 克）。长期进行适合蓝莓生长发育的 pH 调整，施用氨态氮含量在 50% 以上的氮肥，这是基本的措施（玉田，1997 年）。

（4）基本措施是土壤酸性改良、覆盖有机物 在岛根县，火山灰土上栽植的北高灌蓝莓“北陆”和兔眼蓝莓“梯芙蓝”，其上部叶片发生了叶绿素缺乏的失绿现象，导致树势衰退和果实品质下降。在岛根县农业试验场内进行了叶片分析和土壤分析，结果发现土壤 pH 达到 6.0 左右。于是施用硫黄花（硫黄细粉）降低土壤 pH，失绿症状得到改善。

这里发生的叶绿素缺乏症是由于锰缺乏引起的，由于土壤 pH 上升，土壤中的可交换的锰离子含量减少（梅野等，2000 年）。

在蓝莓栽培现场，也可以看到不明原因的症状和枯死现象。其应对措施都要从将土壤 pH 调整为酸性、充分施用有机覆盖物等基本管理入手。

专栏

蓝莓是最适于有机栽培的果树

在蓝莓上使用的有机肥有油渣、骨粉、鸡粪等。其中，氮、磷、钾含量较为均衡的鸡粪使用起来更为方便。当然，要腐熟、发酵到没有臭味的程度后再使用，未腐熟的不能用。另外，使用过量会产生钾过剩。

蓝莓是果树中最接近有机栽培的种类，可以说最适于有机栽培，这也是蓝莓存活下来的关键。虽然说栽培并不容易，但是病虫害可以通过耕种的方式来防治，杂草可以通过生草栽培来防除（植株基部使用有机物来覆盖的管理方法）等，这些都是可行的。进行有机栽培时，最适合的肥料仍然是鸡粪。

◎ 营造好土壤的管理措施

（1）有机物覆盖物——相比作为肥料，更能确保根系发育 正如反复强调的那样，蓝莓的根中纤维根、细根占一大半，而且具浅根性。因此它耐旱性弱，与杂草竞争养分、水分的能力也弱。为了促使蓝莓根系扩张，促进树木的生长，覆盖有机物这样的土壤管理和杂草防除对策是不可缺少的。定植后怎么也长不大的蓝莓树，只要在植株基部施用大量的有机覆盖物，就能发出许多长势强的根蘖枝，这样的例子有很多。

有机物大多铺垫在树冠下，假若材料充足可以覆盖整个果园地面。通过这种措施，可以起到防止土壤水分蒸发、防除杂草、改善土壤物理特性、调节地温、防止土壤侵蚀等许多效果。上述的例子，就是由于这种多重效应，使根系变大、根系扩张成为可能，最终的结果是强势根蘖枝多发。

（2）以覆盖 15 厘米厚为标准 最好是用分解慢、肥料成分少的材料作为有机覆盖物。肥料成分多的堆肥等能使土壤中的硝态氮的浓度提高，而蓝莓喜欢的氨态氮的浓度降低。将木材碎片、稻糠、树皮、锯末、食用菌（冬菇等）的生产废料、落叶等单独或混合施用。注意，稻秸和麦秸腐烂得快，覆盖效果不会持续太久。

在定植后 4~5 年投入 20 吨以上的有机覆盖物，施用量是每 1000 米^2，厚度以 15 厘米为标准。大的木材碎片等按这个厚度铺 1 年之后，经腐殖化只剩 7~9 厘米厚。对消耗掉的部分在每年的这个时期（秋季红叶到落叶初期）进行追加补充。如果这个时期无法找到覆盖材料，也可以随到随加。

◎ 积雪地区植株的捆缚

在积雪较多的地区（全年有 1 米以上积雪的地区），为了防止雪灾和冻害，将植株捆缚起来是最有效的（图 4-16）。在积雪多的地区栽培的北高灌蓝莓和半高灌蓝莓品种，在植株落叶后将其捆扎成圆锥状，可以防止雪灾。在植株附近竖立起木棍等支柱，以支柱为中心将植株捆扎起来。绑有支柱的植株，在积雪融化时容易被拉扯折断，所以最好用表面粗糙的不光滑木材等作为支柱材料（塑料杆不适用）。以支柱为中心，将植株用粗绳等从基部向顶部盘旋捆扎。为防滑落，把顶部扎紧是操作要点。

图 4-16　多积雪地区的防雪灾和冻害对策

把植株捆扎起来，即使埋在积雪下也可以防止冻害

通过这种捆扎处理，即便是在有 2 米厚大雪的地区，也能防止雪灾和冻害。另外，由于支柱的顶端高于积雪，积雪融化时，以支柱为中心融化，即树穴周围的积雪先融化，可以防止雪害，所以要注意支柱的长度。

6 整枝修剪作业

◎ 修剪目标

从蓝莓植株基部发出的数根主干枝，形成如第 64 页图 3-13 那样的株形，呈矮丛状。不像其他果树那样形成主干形或变形主干形、开心形的树形。

有十几年树龄的兔眼蓝莓（品种“乌达德”），如果在几年的时间里不修剪且放任不管，植株会长得高大，扩展范围很宽且枝梢密生。这样的植株，上部和内侧的果实很难采摘，栽培管理上也会多有不便。另外，由于短枝密生、花芽丛生，开花数量增多，5 月下旬以后的生理性落果就会增加，也会引起大小年的现象。收获的果实大小不一，品质也不好，小果的成熟期延长。

所谓的修剪，就是为了不长成上述的株形而进行的剪枝操作。首先，每年对植株的高度和宽度进行调整，调整成便于收获的、人体或手能轻松插入植株内部的株形。另外，为了防止结果过多，通过修剪来调整结果枝和花芽的数量，预防出现大小年，保持稳定的产量。再者，为了提高果实品质和充实枝梢，要让阳光充分地照射到植株的内部，还要从这一方面来考虑树枝的配置，这也是修剪的一个目标。

◎ 品种不同，枝条的生长方式不同——修剪的强弱和树的反应

蓝莓的树势，有因品种不同造成的差异，也有因栽培管理不同造成的差异。修剪强度应根据树势的强弱调整。

例如，兔眼蓝莓的树势很强，容易长出枝条，根蘖枝也层出不穷。其树体很大，植株基部向四周扩张，内部的枝干也纵横交错。如何分割这庞大而拥挤的枝群呢？这就是兔眼蓝莓的修剪主题。相反，北高灌蓝莓几乎不长出枝条，这也令人烦恼。如何确保有足够的结果枝，这是北高灌蓝莓的修剪主题。

一般来说，弱修剪（短剪、少剪）情况下，新长出的枝条繁多而细弱，健壮的新梢

常常不足。

相反，强修剪（长截、多剪）情况下，会产生强壮的新梢，营养生长旺盛，花芽的着生量减少。

因此，中庸的修剪之法是既要使新长出的枝条强壮，又要使营养生长与生殖生长很好地平衡，还要保证有充足的花芽着生。

因此，树势弱的品种或植株，为了促进其营养生长旺盛，要进行强修剪。另外，为了收获大果，需要调整结果量，摘除一定数量的花芽。对于生长旺盛的品种或植株，强修剪会破坏营养生长与生殖生长的平衡，因此进行适当地弱修剪或减少主干枝即可。

为了抑制兔眼蓝莓强大的长势，有的人从植株幼小的时候开始进行各种修剪。但是，让植株生长到本应长到的大小、待树势趋于稳定后（10 年生以上）再进行剪截比较好。

◎ 修剪的时期和顺序

修剪在休眠期的 11 月 ~ 第 2 年 3 月进行。也就是说，从落叶后到第 2 年初春树液开始重新流动时结束。这是因为植株体内的碳水化合物向根和枝条运输、转移的结束时期是秋季到初冬。

也有报告显示，在更早的 9 月中旬进行修剪，开花推迟了 5 天，从而避开了晚霜。这种修剪适于有晚霜危害的地区。在冬季可能遭受雪灾或鸟害的地区，考虑到这些因素，也有的将修剪时期推迟，在发芽前进行。

◎ 幼树和壮年树的修剪——为促进生长发育而进行的修剪

定植后 1~2 年的植株，要将所有的花芽全部摘除，不让它结果。这样做可以促进新梢和地下部根的生长，使植株扩大。在这期间，对长着弱小结果枝的枝条要么剪截，要么整枝剪去。之后，让生长发育良好的植株结果。还没有长出根蘖枝的植株，对其 2~3 年生枝进行强剪，以促进根蘖枝的产生（图 4-17）。

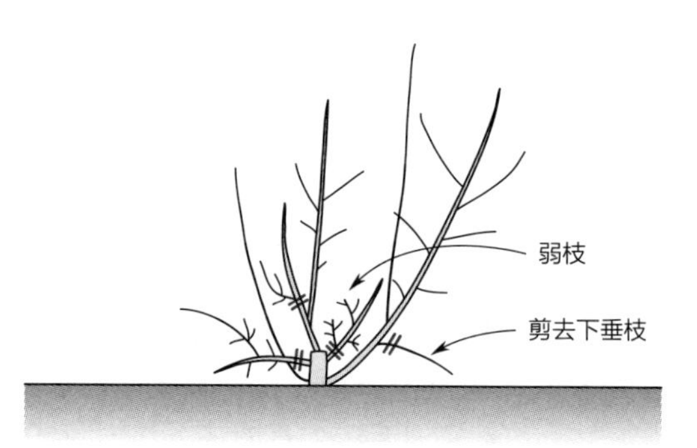

图 4-17　幼树的修剪（2~3 年生树）

定植后 4~5 年，选基部直径为 1~2 厘米的数个枝条，作为主干枝培养。这些主干枝构成了植株矮丛状的基本树形。这个时期，剪除树中央部拥挤的枝条或强势长出的根蘖枝，使阳光充分地照射到植株的内部。另外，为了便于管理，内向枝、下垂枝及交错重合的多余枝也要剪去（图 4-18）。定植 4~5 年的植株，有 5~6 个主干枝，这是较为合适的株形。

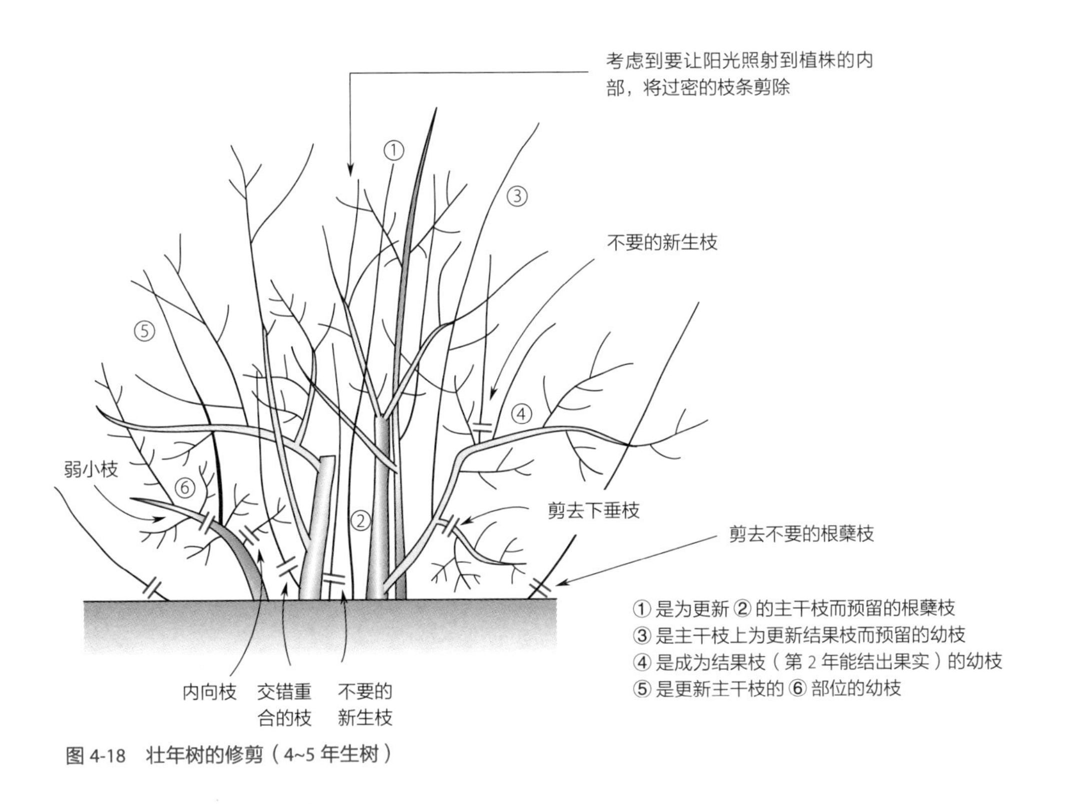

图 4-18　壮年树的修剪（4~5 年生树）

◎ 成年树的修剪——选育良好的枝干并维持树势

（1）主干枝的更新及剔除　修剪在仔细观察植株后开始，成年树的修剪重点是主干枝的更替和老枝的剔除。

构成植株的主干枝上，有多个生长良好的结果枝，结果枝（长度在 15~25 厘米及以上）是 2 年生或 3 年生枝，组成了植株的结果部位。这些结果枝上着生着丰富的花芽，果实膨大也很出色，能结出优质的果实。但是这样的主干枝逐年变粗，上面会长出短小而势弱的结果枝，结出的果实也变得小而不齐整，将这样的主干枝剪除；或从主干枝基部分叉长出的年轻枝条的上方进行剪截，用年轻枝条来替换；或者用从地表钻出的根蘖枝、长有好的结果枝的 2 年生枝进行替换，从而完成主干枝的新老更替。

另外，北高灌蓝莓和南高灌蓝莓是枝龄4年，兔眼蓝莓是枝龄到6~7年之后结果能力下降。所以，超过上述年限的老枝、直径在2.5厘米以上的枝条、之前不舍得剪去的直径已达到4厘米的枝条等，都应优先剪去，将新的、健康的、年轻的枝条转变成主干枝。

这样一来，可以较长时间地维持植株的生产能力。主干枝每年按20%左右的比例依次更替是理想的模式。

对于主干枝的数量，兔眼蓝莓中如“乌达德”这样的枝干直立型品种，一般为10个左右（图4-19），开张、分散型的品种8个左右；北高灌蓝莓长势强的植株8个、弱的5个左右比较好（图4-20）。

（2）结果部位也进行同样的修剪 主干枝的剪除，需要从通风、透光、便利管理等方面进行综合考虑，结果部位的修剪也是一样的（图4-21）。通过修剪使枝条和主干恢复生机和活力，叶片制造的碳水化合物供给新梢的伸展、花芽的形成和果实的膨大。修剪是让果实变大的一个主要原因。

图4-19 兔眼蓝莓“乌达德”，保留10个左右的主干枝较为合适

图4-20 北高灌蓝莓保留5~8个主干枝较为合适（15年生树）

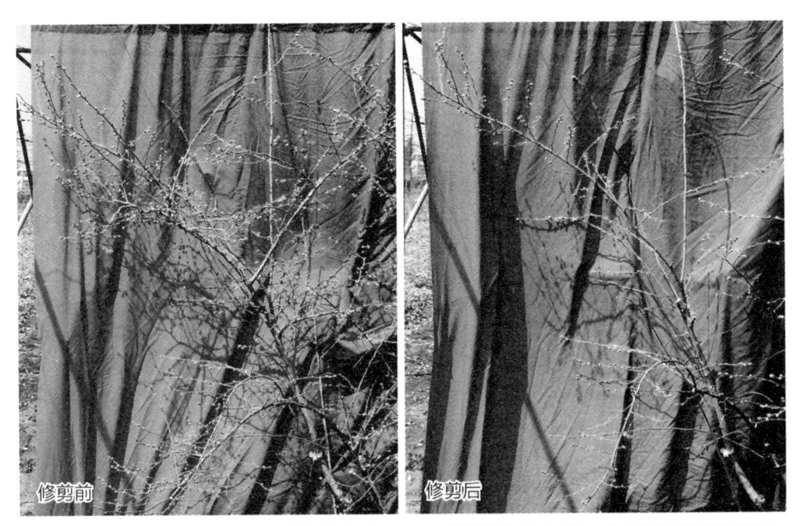

图 4-21　结果部位也进行疏枝或修剪（对图 4-19 所示的植株上的 1 个主干枝进行拍照）

（3）长果枝短截收获大果——在易着生花芽的品种上有效　剪去结果枝的顶端称为短截（图 4-22），即花芽数减少 1/3~1/2，可以控制结果量和果实的整齐度，还可以增加单果的重量。特别是对于着生花芽数量多、生长充实的长果枝进行短截，能生产出整齐度高的大果。

相反，如果是着生着大量花芽的、纤细短小的结果枝，则剪去整个结果枝或只剪去着生花芽的部分（保留叶芽）。因为即使留了这样的短小结果枝，也会导致果实变小，结果数量过多；剪去反而能调整结果量，使保留的果实变大。这么说来，结果枝修剪的

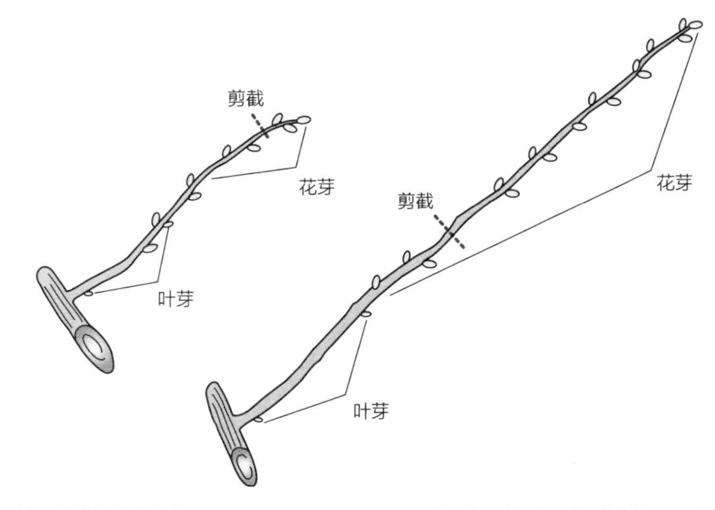

图 4-22　结果枝的短截（来自 C.A.Doehlert, New JerseyAgr. Exp. Sta. Modern Fruit Science，1978 年）

效果相当于梨、苹果的疏花、疏果。

（4）叶果比 苹果和梨的疏花或疏果是根据适当的叶果比进行的。

对于蓝莓来说，从对盆栽“蓝丰”等品种的调查结果来看，叶芽 / 花芽为 1:1、2:1、5:1 的结果枝，收获时叶果比分别为 0.7~1.3、1.5~2.0、3.9~5.5，叶果比越高，单果重越大（寿松木，1998 年）。并且果实内部可溶性固体物质含量也是叶芽 / 花芽为 5:1 的结果枝最高，酸含量也较低。这是因为运输给每个果实的同化养分的量增加了。

◎ 对过密的树林要进行间伐

定植时的株行距，是设想植株长成大树时的大小来决定的。一般北高灌蓝莓多为 1.5 米 ×2.5 米，兔眼蓝莓为 2.5 米 ×3.0 米，南高灌蓝莓为 1.5 米 ×2.0 米。不过，如果土壤条件优良，间距会更大些；土壤条件差的，则间距会更小些。

成年树的栽植宽窄度，以植株的外围一圈与相邻植株的枝条没有触碰、交叉为标准。修剪时也按这个标准来进行。但实际上，与相邻的植株或树枝发生交叉或接触是常见的现象。植株比预计的扩展范围更大是常有的事。另外，不仅是宽度，树高也会达到不方便进行各种操作的高度。

这就要进行回缩修剪或间伐，降低树高。特别是栽植数量过多（计划密植园）的果园，要果断地进行回缩修剪或间伐，以免错过时机。

◎ 高树低截使植株矮化

与其盲目地追求植株矮化，不如以平稳的心态，任由其生长到一定程度，来取得稳定的产量。如果在架有防鸟网的果园把植株剪得很矮，产量依然是不稳定的。

北高灌蓝莓低截不成问题，但对兔眼蓝莓，要让植株自由舒适地伸展，长出花芽之后再低截。

◎ 老树、树势衰落的树通过剪截复壮——要果断地剪截

对于衰弱、生产力低下的大树（高 2.5 米），有的做法是：从靠近地面的位置或地上数十厘米的位置全部水平剪截，从而一次性更新植株的地上部。虽然下一年度的产量无法恢复，但有数据显示，到第 3 年，与没有剪截的植株相比，产量提高了 500%（北高灌蓝莓品种“泽西”，25 年生树），生产能力得以大幅恢复。

对于兔眼蓝莓，可以如图 4-23 那样分 3 种类型完成全面更新复壮。

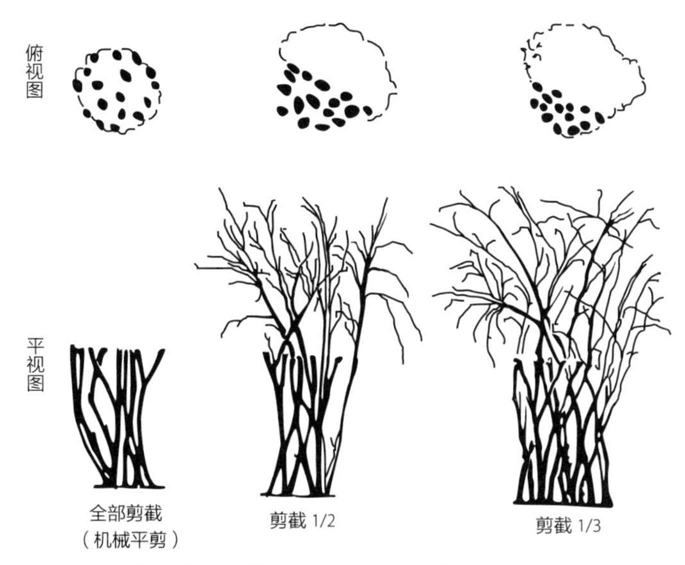

图 4-23　蓝莓更新的 3 种类型（Austin，1994 年）

全部剪截，是针对植株基部不再有嫩枝或根蘖生枝生长出来的植株；剪截 1/2、1/3，是针对那些还能长出嫩枝或根蘖枝的植株。采用这些剪截更新方法，在剪后第 1~2 年产量都会下降，但单果重增加，在第 3 年的产量得到恢复。

这种方法用在因树木过高而带来操作不便的高树矮化上，或用在老树、衰弱的成年树的主干枝新老更替上，或用在回缩树围、间伐植株上。通过这种方法，可以持续多年收获质优粒大的果实（图 4-24）。

图 4-24　定植后 20 多年的北高灌蓝莓园
经过几年主干枝完成新老更替的例子

7 蓝莓的设施栽培

◎ 避雨栽培

北高灌蓝莓和南高灌蓝莓的收获（关东以西）是在 6 月中旬 ~ 7 月中旬的梅雨期。日照不足、湿度高、土壤含水量高及直接降雨会导致裂果和收获后霉菌的发生。特别是蓝莓用于生食的情况下，有必要采取措施来防止果实品质的下降。另外，对于采摘人员来说，雨中采摘也很不愉快。

管理上的对策就是在这个时期进行避雨栽培。搭起钢管塑料大棚，把果树围起来，临近收获期时，把塑料薄膜覆盖在上面（图 4-25）。如果采取只在下雨时覆盖，平时卷起来的方式，能减少覆盖塑料薄膜带来的遮光影响。还有一种更简单的方法，就是在蓝莓树上方搭起棚架，只在即将收获的品种上依次覆盖塑料薄膜，可一边避雨一边采摘。

图 4-25　避雨栽培的蓝莓园

◎ 半促成栽培

蓝莓的设施栽培，还有以提早上市为目标的半促成栽培。

（1）覆盖和开始加温的时机　图 4-26 是根据 1992—1996 年 5 年间 10 月 ~ 第 2 年 4 月 7℃以下的累计温度时间绘制成的图表（东京都府中市）。南高灌蓝莓的低温需求量从“夏普蓝”的 200 小时到“奥扎克蓝”的 800 小时，范围很广，平均是 350~400 小时。北高灌蓝莓则是 800~1200 小时。分别满足了各自的低温需求量就可以解除休眠，这个时间点成为覆盖薄膜和加温的开始时间（东京都府中市）。

具体来说，南高灌蓝莓是 12 月下旬到年底，北高灌蓝莓是 1 月中旬 ~2 月中旬。

北高灌蓝莓的一个实例是 2 月 23 日开始加温，最低温度设定为 15℃（茨城县）。在这种栽培中，采用大黄蜂进行人工授粉很有效，单果重、酸含量与露地栽培没有差异。关键是可以促进提前成熟，这个例子中收获旺季提前了 7~31 天，如果是极早熟和中熟

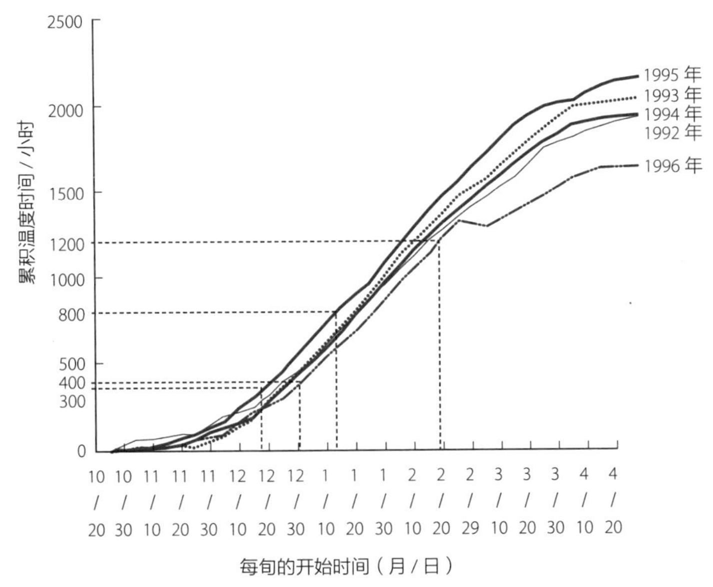

图 4-26　10 月～第 2 年 4 月 7℃以下低温累积小时数（1992—1996 年）

注：根据地区观测所的不同时间数据整理，观测场所为东京都府中市。

品种，可以在 5 月收获（叶等，2004 年）。

南高灌蓝莓的实例是从 1 月下旬或 2 月上旬开始加温，到 5 月 10 日结束，控制在最低温度为 10℃、最高温度不超过 35℃（茨城县）。开花期间，在大棚内设置了蜜蜂的巢箱（玉田等，2004 年）。在这个例子中，收获期比露地栽培提前了 30~40 天，在梅雨期前就可以收获。采用这种加温栽培模式，从收获量、果实的大小、口感来考虑，推荐使用“蓝岭”“佛罗里达蓝”“佐治亚宝石”“薄雾”等品种。

（2）无加温也能取得好成绩　表 4-9 所示的是大棚覆膜期间和无加温的温度条件下所栽培的北高灌蓝莓的成果（东京都府中市）。在这个例子中利用蜜蜂授粉。

表 4-9　采用大棚覆膜栽培或露地栽培时不同品种、不同年度的单果重量及全糖含量的比较

品种	年份	项目	大棚栽培区	露地栽培区
维口	1994 年	单果重 / 克	0.94	1.05
		全糖含量 /（毫克 / 克鲜重）	94.00	111.13
	1995 年	单果重 / 克	1.55	1.78
		全糖含量 /（毫克 / 克鲜重）	109.56	90.38
	1996 年	单果重 / 克	1.63	1.81
		全糖含量 /（毫克 / 克鲜重）	124.17	116.27

（续）

品种	年份	项目	大棚栽培区	露地栽培区
早蓝	1994 年	单果重 / 克	1.11	1.10
		全糖含量 /（毫克 / 克鲜重）	111.94	124.72
	1995 年	单果重 / 克	1.47	1.80
		全糖含量 /（毫克 / 克鲜重）	133.70	133.33
	1996 年	单果重 / 克	1.81	1.83
		全糖含量 /（毫克 / 克鲜重）	138.46	119.39
考林	1994 年	单果重 / 克	1.19	1.28
		全糖含量 /（毫克 / 克鲜重）	108.13	103.67
	1995 年	单果重 / 克	2.00	2.05
		全糖含量 /（毫克 / 克鲜重）	119.42	105.74
	1996 年	单果重 / 克	2.37	2.01
		全糖含量 /（毫克 / 克鲜重）	132.82	119.93

与其他品种相比，覆盖延续到收获结束的“考林”在果实品质、果实重量等方面表现出不亚于露地栽培的成绩（1994 年、1995 年），1996 年虽然在落花后揭去了覆盖物，但收获期仍有所提前。另外，在保持高收获率的同时，果实重量没有下降，品质也得以维持。从这个例子上看，“考林”是最值得期待的用于大棚栽培的品种。

在千叶县木更津市，从 2 月下旬开始，将盆栽的植株搬入无加温的塑料大棚，5 月上至下旬收获上市（江泽，2001 年）。这个例子中品种“维口”占 80%，“佛罗里达蓝”占 20%，此外还有“夏普蓝”。为应对开花期的低温（–3℃以下），可在大棚内放置 1~2 台家庭用油汀取暖器，这是相当有效的。

出现冻害的温度，一般是催蕾期为 –4℃、分蕾期为 –2℃、开花期为 0℃，所以即使是无加温栽培也要有一定的预防低温对策。

（3）在没有蜜蜂的情况下进行人工授粉 蓝莓的花到开后第 8 天仍可以授粉。但北高灌蓝莓开花后 4 天坐果率约为 70%，5 天后减少到 60% 左右。开花、花粉萌发最适宜且坐果率最高的时间大约是开后 3 天。在兔眼蓝莓中，这大约持续到开花后的第 6 天。一个品种的开花期为 2~3 周，为了确保坐果率，在这期间有必要进行 2~4 次人工授粉。

按第 99 页介绍的方法收集花粉，掺入石松子，增量 30~50 倍后使用。

第 5 章

蓝莓栽培今后的发展方向

1 栽培的历史与现状

◎ 同属植物在世界上约有 400 种

蓝莓（越橘属植物），在世界酸性土壤的不毛之地上优先建立种群，并生长繁衍下来。依靠鸟和野生动物搬运种子，在新的不毛之地上形成新的群落。经过反复的自然杂交，种子产生了分化。现在，世界上约有 400 种的越橘属植物，广泛地分布在除澳大利亚之外的大陆和岛屿上，大多为野生状态，从远古开始就被人类所利用。

（1）不毛之地上的野生蓝莓转变成农业用地上的栽培果树 在美国的蓝莓野生地域，有许多蓝莓野生种和近似蓝莓的越橘属植物。其中，蔓越莓（*V. macrocarpon*，大果蔓越橘）、越橘（*V. vitis-idaea*，也称红豆越橘）等，在 20 世纪不断推进的品种改良中，作为园艺植物被固定下来。蓝莓和蔓越莓的开发与栽培，所起的重要作用是让此前非农业用地、没有价值的不毛之地转变为有价值的土地。美国有一种“黑越橘”，不属于越橘属植物。

在欧洲，以东欧各国和俄罗斯为中心的越橘属野生种以黑果越橘（*V. myrillus*）为主，与美国和加拿大的矮灌蓝莓一样被采集和利用。

（2）在日本也有很多的类似的植物 日本也有很多处于野生状态的越橘属植物，如浅间山那样的火山周边，野生着的笃斯越橘（黑豆树，也叫浅间莓，图 5-1），其果实从古至今一直被利用着。除此之外，还有腺齿越橘、红果越橘、乌饭树等有代表性的越橘属植物（表 5-1）。

图 5-1 日本野生蓝莓笃斯越橘（浅间山）

表 5-1　日本的主要野生种（蓝莓及其同属植物）

乌饭树（*Vaccinium bracteatum*）	笃斯越橘（*V. uliginosum*）	腺齿越橘（*V. oldhami*）
越橘（*V. vitis-idaea*）	红果越橘（*V. hirtum*）	红莓苔子（*V. oxycoccus*）
阿拉斯加蓝莓（*V. ovalifolium*）		

◎ 从印第安人到殖民者

在北美大陆，印第安人在数千年的时间里采集并利用着野生蓝莓。生食或干燥后作为冬季的贮藏食品来利用。在北美东北部的印第安人部落中，有“蓝莓是神为了拯救孩子们而在饥荒时赐予的五星果实（果萼呈五角星状）”这样的民间传说。

印第安人将蓝莓当作药物使用。还在炖菜和汤中放入干燥后的蓝莓；或在肉中添加干燥后研碎的蓝莓粉来增添香味；或将捣碎的蓝莓果实与玉米粉和蜂蜜混合制成布丁；或与野生动物的肉混合粉碎、熏制，制成“肉饼”——易保存的冬季食品。蓝莓作为生活必需品有多种方法加以利用。

17 世纪，来自于英国的首批殖民者开始在美国东北部居住。这个地区的气候寒冷，带来的很多农作物不能成长。1620 年，从休伦湖附近的朴次茅斯登陆的首批殖民者，大部分都在数月内死亡了，据说拯救了剩余殖民者的是万帕诺亚格（Wanpanoag）部落的印第安人。通过向印第安人请教玉米的栽培方法和野生植物的采集、保存方法，他们得以生存下来。

其中最重要的植物是广泛生长着的蓝莓果实。学习了果实采集、干燥、加工、贮藏方法的殖民者们，靠蓝莓熬过了冬季的饥饿。印第安人把蓝莓叶子和根煎成茶，作为女性分娩时的安神剂。据说殖民者为了消除劳动的疲劳，也喜欢喝这种茶。近年来，蓝莓茶具有清洁血液的作用已经被证明了。

据说美国南北战争时，蓝莓饮料（果汁）是士兵们的必需品。这些传统的印第安人的蓝莓利用方法一直流传到现在。

◎ 蓝莓产业的开拓者们

（1）美国蓝莓产业的先驱　如果把那些告诉英国殖民者蓝莓可作为粮食来食用，将他们从饥饿中拯救出来的印第安人排除在外，蓝莓产业的发展就无从谈起。但是，今天蓝莓产业的兴盛，源自于对蓝莓野生种的选育、对品种培育倾注热情的美国农业部的植物学家康维尔博士，以及支持他研究的伊丽莎白·怀特女士的积极倡导。1916 年，康维尔博士培育的北高灌蓝莓果实在位于新泽西州怀特堡的怀特女士的庄园内上市，标志着蓝莓产业的开始。

1920年，康维尔博士培育出3个北高灌蓝莓品种“先锋”“卡伯特”“凯瑟琳”，奠定了蓝莓育种的基础。目前，美国的蓝莓栽培面积达62000公顷，其中北高灌蓝莓占蓝莓产量的2/3（占栽培面积2/3的是管理着野生植株的矮灌蓝莓园）。

另外，在美国南部有一种蓝莓野生种，其特征是：果实在成熟过程中由绿色变成红色，再变为蓝色，它被命名为兔眼蓝莓。兔眼蓝莓在20世纪进行了品种改良，现已经发展到占美国蓝莓栽培面积的5%~10%。

此后，美国研究人员的开拓精神没有停止，康维尔博士的育种事业为后继者所延续。有以佛罗里达州田野里找到的野生种 *V. darrowii* 作为育种材料的达柔博士和夏普博士；有挑战种间杂交的德雷珀博士（图5-2）；有把兔眼蓝莓野生株移栽到果园，试图进行经济生产、销售的先驱者——佛罗里达州的萨普先生；佐治亚州的对野生兔眼蓝莓进行选育的乌达德博士；与达柔博士合作，推进兔眼蓝莓育种的布赖特韦尔博士和奥斯汀博士等，蓝莓产业的开拓者很多。

图5-2 美国农业部研究所的德雷珀博士（右）

另外，近年来，欧洲、大洋洲、南美洲、亚洲等地对蓝莓的关注度不断提高，有很多研究人员致力于培育高品质、气候适应性强的新品种，蓝莓产业有望扩展到全世界。

（2）日本蓝莓产业的开拓者——岩垣驶夫博士 著者二人曾在1977年夏季陪同岩垣驶夫博士（东京农工大学教授，参见第12页图1-11），访问了美国各州的大学和研究机构。基于美国的众多研究者和岩垣博士对蓝莓的共同热爱，促成了这次访问。那时，著者在美国农业部德雷珀博士的温室里首次看到了种间杂交研究，它与今天南高灌蓝莓新品种的培育热潮紧密相关。

为蓝莓的引进和开发研究倾注心血的岩垣博士，是日本蓝莓产业的开拓者。

◎ 各国的蓝莓栽培动向

（1）欧洲正在扩大栽培面积 在欧洲，以东欧国家为中心的野生蓝莓黑果越橘被采集并利用。喜好酸性土壤的蓝莓，在碱性土壤较多的欧洲，产业化生产起步较晚。

但是，近年来很多欧洲国家开始栽培美国的蓝莓品种。大多是北高灌蓝莓，品种主要是“蓝丰”，还栽培有“蓝塔”“爱国者”“金茶麓子（Gold Traube）”“伯克利”“蓝光”“康维尔”“达柔”“泽西”“维口”“迪克西”“伯灵顿”等品种。

此外，德国、奥地利、丹麦等地也开始了育种，并逐渐扩展到爱尔兰、意大利、苏格兰、芬兰、波兰。

在欧洲培育的品种很少被引进日本，如果说到有特色的品种，那就是 1980 年在极寒地区芬兰培育出的北高灌蓝莓和野生种笃斯越橘（*V. uliginosum*）的杂交种“艾朗（Aron）”。“艾朗”是“瑞恩科斯（Rancocas）”×（*V. uliginosum*×“Rancocas”）回交的第 1 代品种。特性与北高灌蓝莓相似，但耐寒性较好。

（2）南半球也在扩种蓝莓　澳大利亚和新西兰也培育出了蓝莓新品种。澳大利亚的主要栽培品种是“蓝丰”“布里吉塔”“丹尼斯蓝”“蓝玫瑰（Bluerose）”等，新西兰有“泽西”“大西洋（Atlantic）”“迪克西”“伯灵顿”等品种，还包括原创品种“普露”“努益”。另外，智利的主要栽培品种是“蓝丰”“蓝光”。各国都开始种植南高灌蓝莓的新品种。

（3）新兴的产地——成效显著的中国　在亚洲，韩国和中国山东、吉林、辽宁等地开始栽培蓝莓。

中国的蓝莓栽培历史比较短，有“蓝丰”“公爵”“北陆”等品种在栽培。2005 年的栽培面积为 194 公顷，产量约为 200 吨，鲜果中有约 60 吨通过空运供应日本市场。主要产地是山东、辽宁、吉林等地。但是，中国的栽培地大多是 pH 在 7 左右、腐殖质含量少的碱性土壤，不适合蓝莓的栽培，可以用硫黄来矫正酸度，或者用泥炭苔土、玉米秸秆等有机物来进行处理。

据 2005 年访问过中国蓝莓产地的岩手大学名誉教授横田清介绍，蓝莓产品在中国的上市价格为 800 日元（约 41 元人民币）/ 千克，在北京的零售价格为 3200 日元（约 165 元人民币）/ 千克。

◎ 日本的蓝莓栽培情况

（1）黎明期　在日本，蓝莓的引进是在 1951 年，最初是当时的日本农林省北海道农业试验场从美国马萨诸塞州的农场中引进了几个高灌蓝莓品种。1962 年，兔眼蓝莓作为农林省的特产果品由当地的政府机构相继引进，并进行了适应性栽培试验。矮灌蓝莓是在稍晚一些的 1978 年，由松井仁（惠泉女学园短期大学）最先引进的。

蓝莓的栽培与普及，是由前面提到的东京农工大学的岩垣驶夫博士最先着手进行的

(《关于蓝莓生产与开发研究》，1964 年)，他的研究成果及人才培养对日本蓝莓产业发展作用重大。1968 年，东京小平市的岛村速雄首次开始了兔眼蓝莓的经济栽培，长野县的伊藤国治也于 1971 年开始了北高灌蓝莓的经济栽培。

但是，蓝莓在(生产)统计书上记载的最低标准是要超过 1 公顷，因此在 1976 年，即开始经济栽培 8 年之后才有记载，可见其进展是非常缓慢的。

(2)作为水田的转换作物一下子扩大了栽培面积　20 世纪 80 年代，蓝莓作为水田转换和丘陵坡地的推荐作物在日本各地广泛栽培。

从 20 世纪 80 年代初只有十几吨的生产量，进入 20 世纪 90 年代后激增到 400 多吨，面向市场的供应量也增加了。蓝莓果酱和蛋糕等符合年轻人口味的果品消费需求显著增加。也正是在这个时候，各地涌现出许多成功的经营案例。

但是，由于蓝莓果实柔软，不易保存，市场和小卖店对它敬而远之；过早采摘的倾向也导致了价格的上下波动，因此生产积极性也逐渐下降。有的地区的果园还出现了植株生长发育不良、产量不佳的现象。进入 20 世纪 90 年代中期，栽培面积和产量都在减少，衰退势头令人担忧。

(3)生食及其保健功效再次引人关注　由于冷藏、保鲜等保持品质的技术的应用，盛装容器在通风透气等方面的改良，以及上市时间的调整等，蓝莓鲜果的销路扩大。另外，生产者、各地的研究小组及农业团体等为提高蓝莓产品附加值，在加工制品的开发上倾注了心血，蓝莓加工产品的销路也在进一步扩大。蓝莓“对眼睛有益”，符合消费者对饮食健康的追求，蓝莓的保健功效也受到关注，因此，包括鲜果在内的加工产品的消费也随之扩大。同样，从食品安全、健康追求等方面考虑，采摘(观光园)、直销(庭院销售、快递)等方式被采用，人们也可以品尝到树上完全成熟的果实了。除此之外，栽培技术也在不断进步，几项独立开发的技术也在应用中。

1996 年以后，蓝莓栽培面积和产量都在扩大，进入 21 世纪前 10 年也在不断增加，2004 年栽培面积达 450 公顷，果实产量达到 1300 吨左右。

(4)新品种的开发相继展开　由于日本民间育种公司的努力，1900 年前后美国培育的北高灌蓝莓、南高灌蓝莓、兔眼蓝莓的各个品种，还有新西兰和澳大利亚育成的品种或几年前公开发表的品种等被大量引进、栽培。现在，有的品种刚刚公开发表几年，日本的果园里就有种植的了，从国外引进品种的速度非常快。这样的新品种引进，与生产贮藏性好、味香甜美的果实紧密相连，成为扩大蓝莓栽培面积的原动力。

1998 年，日本首次公开发表了自己的蓝莓新品种“大粒星”，第 2 年也就是 1999 年

发表了“甜粒星”（群马县农业综合试验场），为日本的蓝莓栽培揭开了新的一页。㊀

以具有一定品质、产量稳定的现有品种为骨干进行栽培，是蓝莓生产、经营的基础，在此基础上引进新品种，并加以改良和利用，才是蓝莓生产经营之道。

（5）怎样确保 2 万吨规模的市场占有率　进入 21 世纪，日本蓝莓的国内生产量为 1300 吨，鲜果进口为 1500 吨，冷冻为 12000 吨，合计约为 15000 吨左右。这就是日本当时的蓝莓产业的规模。

著者认为，在当前的产业规模中，包括鲜果、加工产品在内的国产蓝莓的市场占有率能增加多少是一个大课题。

2 备受关注的果品质量

蓝莓基本上以生食为主，鲜果是最美味的。而且，蓝莓即使直接冷冻，含糖量等也不会发生很大变化。在贮藏的同时，还可以广泛用作果酱、酱汁、果汁、糕点及其他菜肴的食材。

蓝莓不仅丰富了饮食，而且果实中所含有的营养成分，符合现代人维持健康、保持向上活力的需求，因此被誉为“21 世纪的健康水果”。

◎ 完全成熟果实的成分——糖、酸、花青素

（1）糖和酸　表 5-2、表 5-3 是东京农工大学农场对蓝莓中糖和酸的含量的检测结果。其中，糖的构成是：所有的品种中都含有葡萄糖和果糖，在全糖含量中两者所占的比重基本是 1∶1，但果糖含量略微高一些。另外，在全糖含量上，兔眼蓝莓显示出比北高灌蓝莓更高的趋势。

在所有的蓝莓品种中，酸都以柠檬酸、苹果酸及琥珀酸 3 种形式存在。北高灌蓝莓中柠檬酸的比例较高（约 60%），兔眼蓝莓中苹果酸（约 41%）和琥珀酸（约 42%）的比例较高。从全酸含量方面来看，兔眼蓝莓比北高灌蓝莓更高。

㊀ 新品种中，大果和味美香甜等优点被夸大宣传，造成了蓝莓苗木的高价销售。在日本，经常是在进行品种特性和地域适应性研究之前，苗木销售就已经在进行了。实际上，无论哪个品种，都有缺点和固有的地域适应性，所以在着手栽培之前，进行少量的试种是很重要的。

表 5-2　蓝莓果实中的全糖含量及其构成（薮，2004 年）

品种		全糖含量 /（毫克 / 克鲜重）	各种糖的含量 /（毫克 / 克鲜重）		各种糖所占的比例（%）	
			葡萄糖	果糖	葡萄糖	果糖
北高灌蓝莓	维口	103.7ab[①]	50.4abc	53.3ab	48.6	51.4
	早蓝	95.8a	47.2a	48.6a	49.3	50.7
	伯克利	100.0ab	48.5ab	51.5ab	48.5	51.5
	布里吉塔	98.8ab	50.7abc	48.2a	51.3	48.7
	迪克西	94.4a	47.0a	47.3a	49.8	50.2
	康维尔	97.2a	46.9a	50.2ab	48.3	51.7
	平均值 ±S.E.	98.3±1.4	48.5±0.7	49.9±0.9	49.3±0.5	50.7±0.5
兔眼蓝莓	乌达德	100.9ab	48.0ab	53.0ab	47.6	52.4
	梯芙蓝	109.7bc	53.1bc	56.6bc	48.4	51.6
	乡铃	116.5c	54.9c	61.5c	47.1	52.9
	平均值 ±S.E.	109.0±4.5	52.0±2.1	57.0±2.5	47.7±0.4	52.3±0.4

注：表中数据来自北高灌蓝莓的 6 个品种，兔眼蓝莓的 3 个品种。S.E. 为标准误差。
①　根据 LSD 多重比较法，同列不同符号之间有 5% 水平的显著差异。

表 5-3　蓝莓果实中的全酸含量及其组成（薮，2004 年）

品种		全酸含量 /（毫克 / 克鲜重）	各种有机酸的含量 /（毫克 / 克鲜重）			各种有机酸所占的比例（%）		
			柠檬酸	苹果酸	琥珀酸	柠檬酸	苹果酸	琥珀酸
北高灌蓝莓	维口	5.3ab[①]	2.6b	1.9a	0.8ab	49.1	35.8	15.1
	早蓝	5.1a	2.0b	1.9a	1.2b	39.2	37.3	23.5
	伯克利	4.4a	2.4b	1.7a	0.3a	54.6	38.6	6.8
	布里吉塔	6.5bc	4.7c	1.6a	0.3a	71.8	24.0	4.2
	迪克西	8.3d	6.2d	1.5a	0.6ab	74.7	18.1	7.2
	康维尔	7.5cd	5.3c	1.7a	0.5a	70.7	22.7	6.7
	平均值 ±S.E.	6.2±0.6	3.9±0.7	1.7±0.1	0.6±0.1	60.0±5.9	29.4±3.6	10.6±3.0
兔眼蓝莓	乌达德	12.5e	0.7a	4.7d	7.1d	5.6	37.6	56.8
	梯芙蓝	7.8cd	0.7a	3.5c	3.6c	9.0	44.9	46.1
	乡铃	5.6ab	2.0b	2.3b	1.3b	35.7	41.1	23.2
	平均值 ±S.E.	8.6±2.0	1.1±0.4	3.5+0.7	4.0±1.7	16.8±9.5	41.2±2.1	42.0±9.9

注：表中数据来自北高灌蓝莓的 6 个品种，兔眼蓝莓的 3 个品种。S.E. 为标准误差。
①　根据 LSD 多重比较法，同列不同符号之间有 5% 水平的显著差异。

对味道有很大影响的是糖酸含量比，糖含量为 98~116 毫克 / 克鲜重、酸含量为 4.4~7.8 毫克 / 克鲜重、糖酸含量比在 14~23 范围内的果实，味道最佳（表 5-4）。

表 5-4　蓝莓 9 个品种的果实中糖酸含量比（数，2004 年）

品种		糖酸含量比①
北高灌蓝莓	维口	20ef②
	早蓝	19de
	伯克利	23f
	布里吉塔	16cd
	迪克西	12ab
	康维尔	13bc
	平均值 ±S.E.	17±2
兔眼蓝莓	乌达德	8a
	梯芙蓝	14bc
	乡铃	21ef
	平均值 ±S.E.	14±4

注：S.E. 为标准误差。
① 糖酸含量比，是用全糖含量除以全酸含量。
② 根据 LSD 多重比较法，同列不同符号之间有 5% 水平的显著差异。

（2）对眼睛有益的成分——花青素　蓝莓果实在成熟过程中，果色由明蓝色向深蓝色再向暗紫色转变，这是由于花青素含量的变化引起的。苹果、李、葡萄等水果的果皮，牵牛花、绣球花等花朵呈现红紫色，都是因为这种色素。

花青素被认为对眼睛有好处。其功效为第二次世界大战中英国皇家空军的飞行员所证实：他们每天都吃面包夹蓝莓果酱，涂抹的果酱和面包片一样厚。充分地摄取花青素使他们在夜间飞行和凌晨攻击时，连“微弱光线下的物品都能清楚地看到”。这也给对此感兴趣的意大利、法国学者提供了契机，他们展开调查，调查的结果证实欧洲野生越橘（又称黑果越橘，*V. myrtillus*）中含有的花青素有使眼睛运转良好的功效。

目前，栽培蓝莓（北高灌蓝莓、南高灌蓝莓、兔眼蓝莓）及矮灌蓝莓与欧洲野生越橘一样含有 15 种糖苷㊀组成的花青素，这已被确认和证实。“对眼睛好”被认定为所有蓝莓的特征。

㊀ 由 5 种花青素（飞燕草素、矢车菊素、锦葵色素、牵牛花色素、芍药色素）与 3 种糖（葡萄糖、半乳糖、阿拉伯糖）一个或多个结合起来形成的花青素共有 15 种。

花青素的含量以北欧产的欧洲越橘（黑果越橘）最多，是加拿大产矮灌蓝莓的2倍、北高灌蓝莓的3倍以上（表5-5）。

表5-5　不同蓝莓种类的鲜果、干果中花青素的含量（Kalt等，1996年）

种类	鲜果中/（毫克/100克）	比例（%）	干果中/（毫克/100克）	比例（%）
欧洲越橘（混合营养系）	370	100	2376	100
矮灌蓝莓（混合营养系）	188	51	1396	59
矮灌蓝莓（美登营养系）	95	26	837	35
矮灌蓝莓（坤蓝营养系）	153	41	1196	50
矮灌蓝莓（芬蒂营养系）	255	69	2177	92
高灌蓝莓的蓝丰品种	83	22	670	28
高灌蓝莓的康维尔品种	100	27	701	30
高灌蓝莓的泽西品种	117	32	835	35
兔眼蓝莓的梯芙蓝品种①	210	57	—	—

注：用锦葵色素-3-葡萄糖苷的平均值测算。
①　数据来源于Basiouny等，1998年。

与其他水果如草莓的25毫克/100克（稻垣等，1984年）相比，蓝莓的花青素含量是其4~5倍，高达83~210毫克/100克鲜重。

（3）为什么蓝莓对眼睛好　眼睛的视网膜上有一种叫视紫红质的色素，它能将光的刺激传递给大脑，让大脑产生“看得见东西”的感觉。这是由视紫红质的再合成引起的，而花青素具有激活这种再合成作用的功效。因此，含有大量花青素的蓝莓也就对眼睛有好处了。

在关于蓝莓具有该功效的诸多报告中，也有的因统计方面的显著差异而不被认可，但是这样的报告中，也介绍了有人的视力得到改善。

那么，为了让眼睛变好，一天需要多少摄入量呢？

答案是摄入鲜果90克以上，如果是VMA（黑果越橘中的花青素等提取物）应在120毫克以上。那么，果酱和其他产品中又是怎么样的呢？

表5-6中的数据，是为了大致了解蓝莓果酱产品中含有多少花青素而进行的分析，以此作为参考。按每天需要VMA120毫克以上作为基准进行推算，大约需40克果酱的量（伊藤，1998年）。其效果在摄取4小时后显现，在24小时后消失。

（4）丰富的矿物质和维生素　蓝莓的果实（鲜果）中还含有其他的特殊营养成分。从《日本食品标准成分表（第5次修订）》来看，其特征显而易见。

蓝莓含有多种矿物质。每 100 克鲜果中，锌的含量（93.4~95 微克）比桃、樱桃、李、杏、苹果多，比枇杷（150 微克）少。钾的含量（70~78 毫克）没有杏（1008 毫克）、桃（180 毫克）、苹果（110 毫克）的多。蓝莓中锌和锰的含量高。

表 5-6　市售蓝莓果酱的色素含量（日本蓝莓协会，1997 年）

制品编号	原料	糖度	pH	色素 /（毫克/100 克）	VMA（换算毫克）	必要摄取量 / 克
A—果酱	高灌蓝莓（日本产）	47.5	3.2	46	184	65
B—果酱（手工制作）	高灌蓝莓（日本产）	32.5	3.0	112	448	27
C—果酱	野生（加拿大产）	67.3	3.1	45	180	67
D—果酱	野生、栽培各占一半（加拿大产）	63.8	3.0	55	220	55
E—果酱（手工制作）	高灌蓝莓（日本产）	44.5	3.3	72	228	42
F—果酱	野生	49.0	3.2	51	204	59
G—果酱（手工制作）	兔眼蓝莓（日本产）	42.1	3.3	126	504	24
H—果酱（手工制作）	兔眼蓝莓 7、高灌蓝莓 3（日本产）	33.3	3.1	105	420	29
平均值		47.5	3.2	77	299	46

在维生素类中，日本产北高灌蓝莓每 100 克鲜果的维生素 A 含量是 55 微克，比桃（28 微克）、樱桃（27 微克）、苹果（24 微克）的要多，但不及杏（1750 微克）。而维生素 C，每 100 克北高灌蓝莓鲜果含 9 毫克，兔眼蓝莓含 16.7 毫克，比桃（8 毫克）、樱桃（10 毫克）、李（4 毫克）、苹果（4 毫克）的含量高。

每 100 克蓝莓鲜果的维生素 E 含量是 1.59~1.7 毫克，是含量较多的果品之一。根据荷兰和美国的流行病学调查报告，从饮食中摄取维生素 E 的人患老年痴呆症的概率比较低。由此可见，蓝莓果实富含维生素 E 等多种维生素及矿物质，是一种值得多吃的水果。

（5）膳食纤维含量非常高　值得注意的是，蓝莓的膳食纤维含量非常高。在北高灌蓝莓中，每 100 克鲜果中含 3.3 克，果酱中含量就更多了，比猕猴桃和苹果的含量要多。

膳食纤维中，水溶性膳食纤维具有抑制血糖急剧上升的作用，用于糖尿病患者的膳食疗法被评价为是有功效的。另外，不溶性膳食纤维对便秘有消解作用，甚至对预防大肠癌也有功效。

◎ 作为功能性食品的蓝莓

（1）花青素的抗氧化作用　我们每天要消耗约 500 升的氧气，利用 2100 千卡（约 8.79 兆焦）的能量，其中的几十升氧气会转变成活性氧。体内增加的活性氧会对血管和内脏的各个器官造成损害，与癌症、脑卒中或由各种生活习惯引发的疾病有关。而体内血液中的维生素 C、维生素 E 和谷胱甘肽等还原性物质的存在，再加上类胡萝卜素、尿酸、胆红素、白蛋白等抗氧化物质的存在，使氧自由基的增加和活性受到抑制而处于氧化还原的平衡状态。

前面提到的蓝莓的色素——花青素，实际上也有抑制或消除有害活性氧的作用。其抗氧化能力可与维生素 E 或茶中的单宁相匹敌，甚至更强。

（2）抑制由于衰老而导致的身体机能下降 有报告显示，蓝莓中含有多种多酚，这已经是众所周知的了。多酚也具有抗氧化作用，有望成为预防由生活习惯引发的某些疾病的功能性食品。

例如，给小白鼠投喂蓝莓，当其流向大脑的血液发生阻断时，所产生的脑损伤可以减轻，由此可以期待蓝莓在预防脑卒中方面的效果。

另外，之前也提到过，有流行病学调查报告显示，蓝莓对预防衰老和阿尔茨海默病有效。用喂食了蓝莓提取物的小白鼠（相当于人类 60~70 岁）做爬杆试验，试验结果显示，没有喂食蓝莓提取物的小白鼠在 5~6 秒就会掉落，而喂食过蓝莓提取物的小白鼠却能坚持 11 秒。伴随着衰老，运动机能降低是不可避免的，但蓝莓对维持平衡感、记忆力等的效果却很好。

含有多酚的蓝莓具有很强的抗氧化作用，具体如下：

①抑制有害胆固醇酯的生成，防止动脉硬化的发生。

②与过敏反应相关的酶的活性受到抑制，过敏传递物质的游离受到阻碍，进而表现出抗过敏的效果。

③也有报告显示，对过敏反应中的一种——特应性皮肤炎也有抑制效果（田中，2005 年）。

（3）花青素的含量因品种、收获时期而有差别 包括栽培品种在内的品种差异所导致的抗氧化能力（ORAC）、花青素含量及多酚总量区别，见表 5-7。从表中可以看到，即使是北高灌蓝莓品系内部，抗氧化能力也会有 3 倍的差距。收获时期也会对功能性成分的总含量产生影响，兔眼蓝莓在保证果实质量的前提下应尽可能地晚收，其抗氧化能力、花青素含量、多酚总量都会升高。

表 5-7 品系、产地、成熟时期不同的越橘属 26 种样品的抗氧化能力、花青素含量及多酚总量

（Prior 等，1998 年）

品种	品系及产地[①]	ORAC[②]/（微摩尔 TE/ 克鲜重）	花青素含量[③]/（毫克 / 100 克鲜重）	多酚总量[④]/（毫克 /100 克鲜重）	备注（样品的收获情况等）
1. 矮灌蓝莓	LB[⑤], NS, Can	45.9	173.0	495	非常干燥的季节，小果
2. 欧洲越橘	Bil.[⑥], Germany	44.6	299.6	525	野生

（续）

品种	品系及产地[①]	ORAC[②]/（微摩尔 TE/ 克鲜重）	花青素含量[③]/（毫克 /100 克鲜重）	多酚总量[④]/（毫克 /100 克鲜重）	备注（样品的收获情况等）
3. 布雷登（Braden）	SHB[⑦], NC, USA	42.3	130.9	473	上一次采摘 1 周后
4. 芬蒂（Fundy）	LB, NS, Can	42.0	191.3	433	常规收获
5. 梯芙蓝	RE[⑧], GA, USA	37.8	154.2	409	正常收获 40 天后
6. 梯芙蓝	RE, GA, USA	23.0	87.4	361	常规收获
7. 矮灌蓝莓	LB, PEI, Can	37.4	179.6	453	常规收获
8. 鲁贝尔	HB[⑨], MI, USA	37.1	235.4	391	常规收获
9. 灿烂	RE, GA, USA	34.3	161.7	458	正常收获 40 天后
10. 灿烂	RE, GA, USA	15.3	61.8	271	常规收获
11. 瑞恩科斯	HB × LB, BC, Can	32.4	140.9	317	常规收获
12. 彭德尔	SHB, NC, USA	30.5	157.4	349	上一次采摘 7 天后
13. 美登（Blomidon）	LB, NS, Can	28.8	91.1	313	常规收获
14. 坤蓝(Cumberland）	LB, NS, Can	27.8	103.6	293	常规收获
15. 蓝岭	SHB, NC, USA	25.7	110.8	347	上一次采摘 7 天后
16. 开普菲尔	SHB, NC, USA	26.3	137.3	331	上一次采摘 7 天后
17. 小巨人	RE × HB, MI, USA	23.5	187.2	308	常规收获
18. 公爵	HB, NJ, USA	25.1	127.4	306	常规收获
19. 泽西	HB, NJ, USA	21.4	116.8	221	常规收获
20. 泽西	HB, NJ, USA	20.8	100.1	206	常规收获
21. 泽西	HB, OR, USA	18.1	101.2	181	常规收获
22. 克瑞顿	HB, NC, USA	20.0	118.8	273	上一次采摘 7 天后
23. 晨号	SHB, NC, USA	17.8	62.6	233	上一次采摘 7 天后
24. 蓝丰	HB, MI, USA	17.0	93.1	199	常规收获
25. 奥尼尔	SHB, NC, USA	16.8	92.6	227	上一次采摘 7 天后
26. 顶峰	RE, GA, USA	13.9	90.8	231	常规收获

① 产地栏符号：USA 为美国；Can 为加拿大；Germany 为德国；NC 为北卡罗来纳州；NS 为新斯科舍省；GA 为佐治亚州；PEI 为爱德华王子岛；MI 为密歇根州；BC 为不列颠哥伦比亚省；NJ 为新泽西州；OR 为俄勒冈州。

② 以每克新鲜果实中微摩尔 Trolox 当量（TE）表示。

③ 含量以矢车菊素 -3- 葡萄糖苷为标准。

④ 含量以没食子酸为标准。

⑤ 矮灌蓝莓（*V. angustifolium*）为 LB。

⑥ 黑果越橘（*V. myrtillus*）为 Bil.。

⑦ 南高灌蓝莓（*V. corymbosum* × *V. darrowi*）为 SHB。

⑧ 兔眼蓝莓（*V. ashei*）为 RE。

⑨ 高灌蓝莓（*V. corymbosum*）为 HB。

（4）成为功能性果实之王 蓝莓花青素生理作用方面的功效在欧洲被大量报道。概括已知的功效内容，总结如下：

①激活视网膜上视紫红质的再合成。

②保护毛细血管：增强视网膜毛细血管的抵抗性，减小毛细血管的渗透压，从而眼睛充血会得到改善。

③白内障的晶状体混浊主要是由蛋白质引起的，这是可以用蓝莓预防的。另外，活性氧也被清除。

④抗溃疡活性：能够增加胃液的分泌，从而不易形成溃疡。此外，还能抑制与癌细胞增殖有关的酶的形成。

⑤强化结缔组织：直接作用于胶原蛋白，强化胶原蛋白基质，还能阻碍胶原蛋白分解酶的形成。在面向人体的疗效试验中，肩酸腰痛得到了改善，这也是其功效之一。

有报告指出，蓝莓对人的视觉疲劳、视网膜病症、末梢血管病、关节炎等都有疗效（佐藤，2000 年）。

因为蓝莓是整粒食用，所以丢弃率为 0，不污染环境。很多消费者远离水果的另一个原因是吃起来太麻烦，需要剥皮等，但是蓝莓不存在这个问题。

Prior（1998 年）对 42 种果实和蔬菜进行抗氧化能力调查。其报告显示，以蓝莓和黑莓的抗氧化能力为最高（图 5-3）。他建议大家在食用果品、蔬菜的同时，每天吃约 100 克蓝莓。

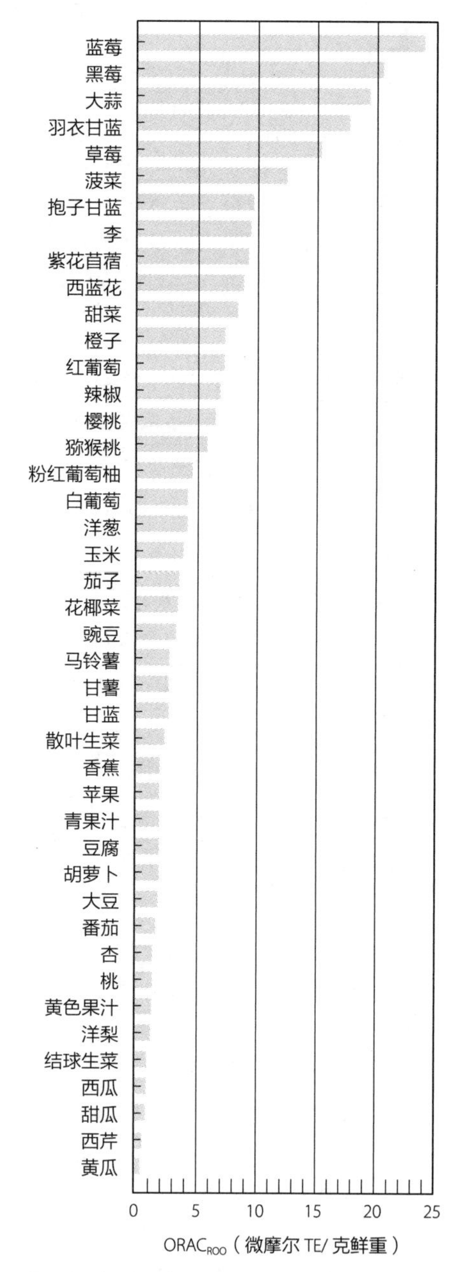

图 5-3 各种果实、蔬菜的 ORAC 法测定抗氧化能力的比较（Prior，1998 年）

3 今后的需求与新的经营、栽培方式

◎ 对采摘园的基本要求

蓝莓栽培中最费事的是采摘，采摘园栽培是一种有效的应对方法。消费者对蓝莓的要求，首先应该是“安全、好吃，而且‘对眼睛有益’”，然后是在绿意盎然的农家度过周末，亲手制作果酱和菜肴，品尝蓝莓原本的味道和香气，进而在精神上得到享受。所以采摘园必须满足这些基本要求。

◎ 建立采摘园的条件

建立采摘园，首先要选择具备蓝莓栽培所需气候、土壤条件的地区。另外，该地区对蓝莓的销售来说环境怎样？这也是建园的重要条件。

山区、丘陵坡地

远离销售地的山区或者丘陵坡地，因交通不便，保证客源和销售方面的条件较为苛刻。但是，这样的地区停车场、休息小屋、厕所等附属设施宽敞舒适，相关条件很容易具备。另外，还能充分感受周围自然环境及景观的美丽，使人心旷神怡。

以此为基础，可以在自然农舍内销售以蓝莓为主题的、手工制作的菜肴和点心，或是果酱、调味汁、果汁等加工产品，更不用说鲜果的直销、快递等，开展综合性的销售战略。所以，在山区、丘陵坡地进行经营是可行的并能确保收益的。如果附近有旅游地和温泉，也可以考虑合作。

但是，这样远离消费人群、交通也不方便的采摘园，园主首先要明确自己果园的卖点是什么，并采取相应措施。盲目建园是不能持续长久的。

“这儿是我（顾客）的采摘园”（图 5-4），只有以此为出发点并付诸行动，才有可能取得成功。

图 5-4　儿童成为采摘园的粉丝

都市近郊

城市中的采摘园也是绿意盎然的休闲场所。如果采摘园距离大城市 1 小时左右车程，周围自然环境比较好，也可以开展绿色旅游，现实中有很多这样的案例。但是，即使在都市近郊，也是通过鲜果直销、与超市合作、快递直售、加工成果酱后销售等，收益也是综合性的。

（1）在东京都开展的实例 我想从经营形态的角度来介绍城市的典型——东京的几种案例（第 11 次产地研讨会，东京，洼田，2005 年）。

①主干作物型：基于独立的企业思维展开的经营。面积达 5000 米 ^{2} 以上，将北高灌蓝莓和兔眼蓝莓的不同品种进行组合。销售方法虽以采摘为主，但也有与零售店签约销售的情况。

②补充作物型：把蓝莓定位为补充性作物，作为农业经营的一部分。以果树（葡萄、板栗、苹果、柿等）、蔬菜、林木经营为基础，把蓝莓作为扩大经营或部分转换经营的补充作物。面积以 1000~2000 米 ^{2} 居多，以兔眼蓝莓品种为主力。事先要把采摘考虑在内，有计划地整备果园。很多时候还把接待来客所需的设施作为必备设施加以配置（现在，东京都内的区、市、町、村都有大量设施配备齐全的家庭存在）。

③农业经营集团型：受到主干作物型生产者的刺激，周边的多个农户以补充作物型的形式加入进来，形成蓝莓产地并投入生产。也有以合作共同体或自治团体等形式积极地协助、有计划地实施（日野市蓝莓种植组栽培面积达 2.9 公顷，日出町蓝莓生产振兴组栽培面积达 10.6 公顷，八王子市恩方蓝莓里栽培面积达 3.2 公顷；东村山蓝莓研究会有 16 名成员，JA 青业蓝莓研究会有 7 名成员）。

（2）产业合作和联合举办活动 在这样的城市中，也有利用蓝莓与其他产业合作，或与城市建设相联系的案例。在这种情况下，蓝莓与当地居民的关系也越来越密切。其相关性以如下特殊案例来展示：

① PR 采摘协会（日野市）：邀请抽选出来的市民采摘熟透了的蓝莓，并进行品尝、试吃。

②产地销地交流会（三鹰市）：一边品尝、试吃蓝莓和葡萄，一边进行推广。

③蓝莓节（日出町）：节日庆祝成为与城市居民进行交流的一种方式。

④果酒——蓝莓酒（日野市）：作为城市文化的一种尝试而持之以恒。

⑤蓝莓点心——“果梦果梦，小平之梦”（小平市）：将蓝莓作为城市事业，在市内开设蓝莓西点店，让点心商品化。

⑥与东京都内从事奶产品经营的冰激凌店合作（町田市、武藏村山市）。

⑦推介来自东京小平的蓝莓（小平市）：与地域观光（绿色徒步旅游）相结合。

⑧开展志愿者服务活动（社区志愿者协会）：面向学校开展的种植活动，以农业体验为主要目的。

以上的案例，虽然规模和发生地区不同，但都被认为是开设采摘园并顺利经营下去的重要方面与方法。

（3）蓝莓和其他果树的组合　蓝莓，很多时候是作为其他经济作物的补充来栽培的，有时还采用高效、复合型经营。在与其他作物进行轮作的果树中，蓝莓被选用的情况比较多。

在北海道，从苹果、梨的疏果期及樱桃收获结束后，到葡萄采摘、苹果落叶的这段时间，可以收获蓝莓。进行这样的种植组合是可行的。

日本东北地区也同样，在苹果的疏果作业告一段落的 7~9 月，可以引进这段时间内收获的早熟、中熟的北高灌蓝莓品种。如果只靠家庭劳动力，蓝莓的种植只能达到 1000 米^{2}左右的极限，但如果能把种苹果的工人调动起来，就可以扩大规模。蓝莓的销售也可以并入苹果的经营中去。

利用现有的樱桃、梨、苹果等经营中积累的销售经验，可以与固定客户进行协同发展，与柑橘、猕猴桃、板栗、银杏等的组合也是如此。另外，还要在选择能够满足消费者和顾客要求的品种和发挥地域特色上下功夫（如“本地独有的品种，当地才产的果实”等）。

消费者和顾客，可能最初只满足于蓝莓的采摘，但经过若干年，需求也会有变化。重新组合其他作物也变得很有必要。在这种情况下，可以在维持采摘的同时，选取其他的作物作为补充。树莓类、黑莓类、覆盆子类、醋栗类的小型果树，加拿大唐棣、桑葚、沙棘等新兴果树也有挑战的必要。

（4）争取顾客，确保有回头客　开园第 1 年虽然可能没有客人来，但口碑是争取顾客的最好方法。在宣传上必须下很大的功夫，通过制作网站，在报纸、杂志等处刊登广告，在公共汽车车站、旅游纪念品店、土特产经销店、消费地区举办的地域展销会上推介，即利用各种渠道，甚至行政主管部门主办的各种活动等一切机会来宣传。

为了增加回头客，让人们更喜爱蓝莓采摘，控制入园费也很重要。另外，也有将入园费以改善果园环境、营造舒适家园的方式返还给顾客的设想。如果收取入园费，入园者很容易想要把钱赚回来，据说会导致道德水平的下降，所以也有像东京都府中市那样的采摘园，不收入园费。至于购买价格，因为是入园者自己采摘的，最好是市场价格的 75%~80%。细致入微的价格设定也很必要。

（5）原汁原味的乡土体验很重要 采摘园是从生产又大又甜、口味丰富、芳香的果实开始。在果实充分成熟的情况下，按需要收获是最基本的。如果蓝莓好吃，爱好分享的女性会带来同伴，这是口碑口口相传的根本。在此基础上，为了满足消费者个性化、多样化的嗜好，需要配置甜度、酸度、风味不同的品种；另外，还需要配备从早熟到晚熟依次上市的生产流程。蓝莓作为功能性果品，消费者对其的关心度很高，因此，品种的选择和精准的宣传，对于顾客的开发及确保回头客是很重要的。

另外，提供用自家果园生产的果实来制作“手工加工品”的服务，体验“除非你来，否则无法品尝到”的原汁原味的美食，也很重要。

某果园制作的“插上吸管，吸管直立不倒”的浓稠的蓝莓鲜榨果汁，大受欢迎。据说在旺季，每天都有前来喝蓝莓果汁的客人（东京都青梅市）。

对于游客来说，采摘园是寻求安宁的场所，要在舒适、愉快的心情下采摘蓝莓。特别是在炎热的天气里，作为客人放松、避暑的场所，提供冰水等小小的用心服务还是很重要的。著者认识的一个采摘园，提供特制的蜂蜜果汁和瓶装冷水。对顾客来说，这里必须是“我（顾客）的绿洲”，而采摘园必须为此尽心尽力。

留住顾客的共同点是：顾客来园的时候能得到最大的满足。作为园主，通常先要了解顾客的需求，这是很重要的。

另外，通过电话、传真、电子邮件等，建立预约体系也是必要的。在这种情况下，为了与顾客取得联系，必须制作通讯录。这个通讯录也成为DM（直接邮件）数据。

◎ 面向家庭的果树苗木销售——盆栽、庭院栽培

蓝莓不仅是经济栽培果树，也适合作为家庭果树来栽种。栽植蓝莓，可以欣赏到白色或粉色的吊钟状花序，可以享受到收获果实的快乐，还可以欣赏到能与日本吊钟花相媲美的红叶等。其中蕴含的观赏价值及展现的魅力很大（图5-5）。

图5-5 道路两旁成排栽种的蓝莓

（1）确保品种信息的正确传达 最近，家庭果树用蓝莓苗和盆栽苗被生产出来，大多在家庭服务中心销售。但在寒冷的地区售卖兔眼蓝莓和南高灌蓝莓苗、盆栽苗的情况也时有发生，而在寒冷地区栽种的兔眼蓝莓会因冻害而枯萎。在销售商和顾客都不了解这方面信息的情况下，苗

木流通是一个很大的问题。

也有的生产者不使用正确的品种名，随便命名并销售蓝莓苗。

（2）苗木生产的第 1 步是母株定植　在销售蓝莓苗或盆栽苗时，应在确保母株品种名称正确的前提下进行繁殖。同一植株，同时进行果实生产和苗木生产所用插穗的采集是困难的。从用于果实生产的植株上剪下的枝条大多是老枝，生根性极差。应培育专门用来采集插穗的母株，每年从修剪后长出的新梢中剪取插穗。这样的插穗能很好地生根，长成好的苗木。

另外，新登记入册的品种在不断增加，但未经许可不能进行苗木的生产和销售，这一点需要注意。

（3）苗木发货时应注意的几点　苗木发货时，详细记载品种名称、地域适应性（要标明特别适合温暖地区还是寒冷地区）、果实品质等品种特性的说明书是必备的，这一点很重要。目前，蓝莓从业者及相关人员正致力于纠正品种混乱现象，这对日本蓝莓的发展来说是重大的课题。

（4）盆栽苗和庭院种植用苗的生产与销售技术　扦插苗的培育同第 3 章的“育苗方法——硬枝扦插法”。北高灌蓝莓、半高灌蓝莓、兔眼蓝莓、南高灌蓝莓等的落叶性品种和“阳光蓝”等常绿性品种几乎都适合盆栽和庭院种植。

为了延长授粉或结果时期，从而享受栽种蓝莓的乐趣，最好是多种几个品种，自花不结果的兔眼蓝莓需要其他的不同品种授粉。即使是自花结果的北高灌蓝莓和南高灌蓝莓，也需通过与其他不同的品种杂交来提高坐果率，以收获更多大果。同时要说明，这些品种中至少要栽种 2 个以上的品种，最好是一并发货。

对于盆栽苗，将扦插繁殖的苗木移栽到直径为 12~15 厘米的黑色塑料盆中培育 1 年，然后移植到一定尺寸（3~10 号）的深盆中，再培育 2 年左右，即完成育苗。用土、栽种、施肥、浇水等管理，按照第 3 章介绍的相关内容来进行。

在培育盆栽苗的过程中，要将花芽全部剪掉，在新梢生长的过程中多次摘心，促进分枝，让花芽着生在枝条的端部。出售当年的盆栽苗应能结果（图 5-6）。关于盆栽苗，在出售时也要对品种特性、适合地域及结果时要与其他不同品种靠近等问题做必要的说明。

庭院栽培用苗的培育和出售，与地栽大苗的培育和移植及管理相同。

庭院栽培用苗以培育 3~5 年的苗木为宜。在苗床上培育的地床苗，起苗后的根大多干旱，即使带着泥土栽种，新根的生长也不好，定植后常常出现生长不良。

对于庭院栽培用苗，用 20 升花盆或栽培箱培育 3~5 年比较好。栽培用土和管理法

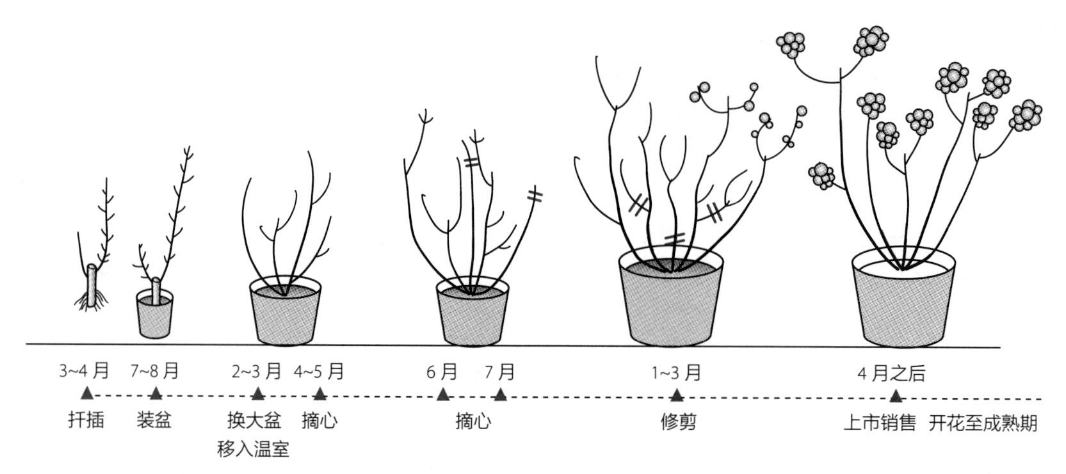

图 5-6 利用温室生产盆栽蓝莓

可参见第 3 章介绍的相关内容。用栽培箱或花盆培育出的苗木的突出问题是根部缠绕。在种植时，要遵循说明书上标注的注意事项：一定要松解根系、定植穴内添加泥炭苔土、不要使用速效性肥料、覆盖有机物等。

◎ 有机栽培的可行性和探索实例

（1）美国蓝莓的特征性病虫害 对蓝莓植株和果实造成严重危害的害虫和病害很少，可以说蓝莓是比较容易进行有机栽培的植物。在美国，1906 年开始人工栽培之前，野生的蓝莓已经存在了数千年。因此，存在着依靠蓝莓生存并进化的虫害和病害。

在美国危害最大的害虫是蓝莓蛆（果蝇）。蓝莓开始成熟时，成虫从土里钻出来。雌虫在 7~10 天后开始在红色浆果内产卵，每个果实中产 1 个卵。大约 5 天后，幼虫孵化并生长。受害的果实在采摘后进行冷藏过程中，幼虫被驱赶出来时才会发现。

另外，在美国最难防治的病害是由念珠菌感染引起的蓝莓僵果病。这种病害在春季侵害新梢，继而感染花。如果危害严重，80% 的新梢都会被感染。感染果实会使成熟的果实变成粉红色，几天后变成白色，干瘪落果后才被发现。

这些病虫害都很难防治，在发生密度高的地区很难进行无防治栽培。因此，在美国，蓝莓的有机栽培在整个国家蓝莓栽培园的占比不足 1%。在有机栽培中，棉籽粉、血粉、羽毛粉等被当作肥料来使用，这也存在着比使用化肥多出数倍的氮肥投入等问题。

（2）在日本进行有机栽培的努力 在日本还未发生蓝莓果蝇和僵果病问题。应在整枝修剪上下功夫，以防止枝叶过于繁茂；通过扩大栽植距离，来改善果园的通风透光性，预防疾病的发生；或通过架设防虫网来防止害虫侵入。采取这些积极的农业耕作方法，有机栽培是有可能的。但没有哪一种果树，通过简单地努力就能实现有机栽培。由于气候条件或环境条件，可能发生斑点病、介壳虫、果蝇等，遭受灾难性损失的危险是不可避免的。

在日本，很少有蓝莓种植园获得有机 JAS（日本有机农业标准）认证，这是现实。进行充分的准备和技术应对是必要的。另外，没有得到认证就使用“有机栽培蓝莓”的标识是违法的。这一点需要再次强调一下。

后记

与蓝莓相遇，是在东京农工大学的学生时代，那时，我承担了恩师岩垣驶夫博士的“蓝莓的引进、开发研究”项目中的一部分，并把它作为毕业论文的研究课题。当时，我以东京农工大学的试验果园（东京都府中市）栽培的3种蓝莓为研究对象，从生态、繁殖、果实分析等方面进行了研究。毕业之后，著者二人在东京农工大学和长野县继续进行蓝莓的本土化研究。从那时起，经过30多年，蓝莓的栽培在克服了暂时的停滞之后，现在正在日本全国范围内蓬勃发展。但是，正如前言中所提到的那样，这种努力并非都能成功，失败的案例也很多。本书就是为了减少这样的失败案例而写的。

就像蓝莓“对眼睛有益”的广告语所描述的那样，蓝莓因其功效而备受欢迎，并且需求量急速增加。但是，也有必要了解这样的现实：供给市场的大部分产品都是由美国、加拿大、智利、澳大利亚、中国等进口蓝莓加工而成的。

对于今后日本蓝莓产业的发展，日本生产的果实被寄予新的期望，只有追求新鲜、美味、安全、让消费者放心的果实，蓝莓的魅力才能体现。为实现这个目标，本书从技术原理上加以阐释，明确改善栽培操作后的实际效果。希望本书对日本的蓝莓产业发展能有所帮助。

蓝莓从野生到人工栽培方法的确立经历了几代前辈的努力：将野生蓝莓的利用方法教给并拯救了殖民者的美洲印第安人；把蓝莓产业的发展作为梦想，将一生都献给育种、栽培研究的康维尔博士、伊丽莎白·怀特女士及其他的美国先驱者；对日本蓝莓产业的发展倾注热情的岩垣驶夫博士等。对他们表示感谢的最好方式是希望大家不要忘记他们并致力于蓝莓事业。

本书以同为著者二人合著的《蓝莓培育方法》（农文协）为蓝本，该书广受读者欢迎，虽多次重印，但自初版发行以来已经过了近40年，以今天的眼光来看，在技术方面已经有了不适合的地方，因此著者感到有必要更新相关内容。因此，这次以《蓝莓栽培管理手册》作为书名，并采用新的装帧设计，与读者见面。

小池洋男